零基础学
无人机
摄影与摄像

徐利丽 著

人民邮电出版社
北京

图书在版编目（ＣＩＰ）数据

零基础学无人机摄影与摄像 / 徐利丽著. -- 北京：
人民邮电出版社，2023.7
ISBN 978-7-115-61485-8

Ⅰ. ①零… Ⅱ. ①徐… Ⅲ. ①无人驾驶飞机－航空摄影 Ⅳ. ①TB869

中国国家版本馆CIP数据核字(2023)第061366号

内 容 提 要

本书首先介绍了无人机的类别、性能与选择的相关知识；然后介绍了无人机系统与配件的相关知识、无人机飞行安全的相关知识、无人机的使用设置和模式选择、无人机飞行练习与实操技巧、航拍构图与一些常见题材的实拍技巧、无人机延时视频拍摄技巧；最后介绍了无人机摄影后期修图的技巧，以及航拍短视频剪辑与制作的技巧，包括使用大疆官方的剪辑软件、使用手机端的剪映软件，以及使用电脑端的 Adobe Premiere 软件进行视频剪辑与制作的技巧。

本书内容丰富、全面、系统，适合喜爱航拍的用户学习和参考，也适合各高等院校相关专业作为教材使用。

◆ 著　　　　　徐利丽
　　责任编辑　杨　婧
　　责任印制　陈　犇
◆ 人民邮电出版社出版发行　　北京市丰台区成寿寺路 11 号
　　邮编　100164　电子邮件　315@ptpress.com.cn
　　网址　https://www.ptpress.com.cn
　　北京瑞禾彩色印刷有限公司印刷
◆ 开本：700×1000　1/16
　　印张：13.75　　　　　　　2023 年 7 月第 1 版
　　字数：339 千字　　　　　　2023 年 7 月北京第 1 次印刷

定价：69.00 元

读者服务热线：**(010)81055296**　印装质量热线：**(010)81055316**
反盗版热线：**(010)81055315**
广告经营许可证：京东市监广登字 20170147 号

在相机未被发明的年代，人们往往通过绘画的方式来记录眼睛看到的景象，试图将浩瀚无垠的星空、壮美秀丽的河流、高耸入云的山峰和灯火通明的城镇留存在心间。随着相机的发明问世，人们的生活方式也随之发生了改变，越来越多的人习惯用相机去记录美丽风景和美好事物。但在相机刚发明的时候，受限于其结构复杂、数量稀少、价格高昂等原因，真正拥有相机的人其实少之又少，摄影师这个职业也应运而生，他们为人们提供专业的拍摄服务，同时向人们展示了大量优秀的摄影作品。随着人们对拍摄的需求日益增加，相机的更新迭代也在不断加快，其功能和画质有了明显的提升，价格也变得愈加亲民，人们开始购买属于自己的相机，亲自拍摄照片和视频。

近些年来，一种"可以飞行的相机"逐渐走入人们的视野，它就是航拍无人机。航拍无人机将无人机和相机进行了组合，脱离了传统相机只能在地面拍摄的局限性，它可以从空中拍摄照片和视频，帮助我们用"上帝视角"俯瞰世界。无人机的出现在摄影领域有着划时代的重要意义。更重要的是，我们每个人都有机会亲自"驾驶"无人机飞到空中，以一种全新的视角认识和感受这个美丽的世界，并将眼中的世界用这种特殊的拍摄方式记录下来。

早在19世纪，就有摄影师乘坐热气球升空并使用相机拍摄空中视角的照片，这也是人类最早航拍的方式。随着直升机的发明和应用，在20世纪后期，许多摄影师开始搭乘直升机来进行航拍。进入21世纪之后，无人机产业得以快速发展，终于有人将折叠式无人机和高清摄像头组合在一起，就此我们熟悉的航拍无人机诞生了。

航拍无人机需要使用遥控器进行远程操控，这对于没有接触过航拍无人机的新手来说无疑是一项不小的挑战。笔者将这些年总结的个人经验和技能技巧进行了详细的梳理，并将其编写成书，供想要进入航拍领域的初学者学习和参考，即便有一定航拍经验的用户，也可以通过本书来搭建自己更系统的知识体系。

即便是零基础的新手，阅读完本书后也能够快速掌握航拍无人机的安全知识、飞行技巧、拍摄技法，以及对作品进行后期处理的能力。相信用不了多久，读者就能轻松玩转无人机航拍，拍摄出优秀的航拍作品。

目录 CONTENTS

第 3 章

无人机安全指南

第 4 章

无人机的使用设置和模式选择

无人机飞行练习与实战

无人机摄影构图与实战

无人机延时视频实战

第 8 章　无人机后期修图实战

第 9 章　无人机视频剪辑实战

CHAPTER 1

第 1 章
无人机的类别、
性能与选择

本章将介绍市面上常见的无人机类别、品牌和特点，以及在购买无人机时需要注意的问题，帮助大家挑选自己心仪的无人机。无论是想记录日常、体验飞行，还是想进行影视创作、竞速疾驰，总有一款无人机适合你。

1.1 无人机的分类

要了解无人机的种类，我们需要先知道什么是无人机。无人驾驶飞机简称"无人机"，英文缩写为"UAV"，是利用无线电遥控设备和自备的程序控制装置操纵的不载人飞机，或者由车载计算机完全地或间歇地自主地操作。

无人机可以被细分为多旋翼无人机、单旋翼无人机、固定翼无人机和穿越机。本节将会依次介绍这几种无人机。

1.1.1 多旋翼无人机

提到多旋翼无人机，我们经常会听到四轴无人机和六轴无人机的概念，甚至还有八轴无人机，那这些数字代表的是什么意思呢？

轴代表多旋翼机臂，有几个轴就意味着有几个带有电机螺旋桨的机臂。无人机之所以能飞起来，是因为电机带动螺旋桨旋转而产生的升力，且相邻电机的旋转方向相反，用来抵消反扭矩作用力，这样无人机就可以保持机身稳定而不产生自旋。（如果电机都朝向一个方向旋转或相邻电机转动的方向不是相反的，无人机就会产生自旋的情况。）

多旋翼是指具有三个及以上轴的无人机，也就是说，多旋翼最少要由三个轴组成，一般是以双数轴进行递增，比如前文中提到的四轴、六轴、八轴。因此，无论是三轴、四轴、六轴，甚至八轴无人机，都属于多旋翼无人机。

多旋翼无人机因为轴数的不同而有了更细致的区分，那它们之间具体有哪些区别呢？下面我们以四轴无人机和六轴无人机为例，讲解一下它们之间的区别。

四轴无人机的操控性更灵活，结构也更简单，更贴合"便携化"和"轻量化"的设计理念，是市面上最常见的航拍无人机款式，比如航拍爱好者最喜欢购买的几款大疆无人机就属于四轴无人机。而六轴无人机的尺寸相对来说更大一些，适合搭载专业的单反相机进行拍摄，许多影视剧组在拍摄高画质的高空镜头画面时会选择使用六轴无人机搭载稳定云台和单反相机进行拍摄，有时也会被用作警用无人机。六轴无人机的空气废阻力相较于四轴无人机来说更小（空气废阻力取决于桨叶相邻距离的远近，距离越近废阻力越小）。此外，六轴无人机有动力冗余，当一个电机因为故障停转时，无人机依然可以保持悬停，不会直接坠落，停转电机的对角电机也会自动停转，无人机会有四个电机继续工作以保持飞行稳定，直到无人机安全飞回起降点或在合适位置进行迫降。而四轴无人机则没有动力冗余，如果一个电机停转，无人机会直接坠落。

图1.1　四轴无人机　　　　　　　　　　　　　　　　图1.2　六轴无人机

1.1.2　单旋翼无人机

　　单旋翼无人机是指外观样式类似直升机的无人机，它和多旋翼无人机都属于旋翼类无人机。前文中提到了三轴及以上为多旋翼无人机，单旋翼无人机一共有2个旋翼面，分别是主动力旋翼面和尾桨旋翼面。单旋翼无人机的结构原理与有人驾驶的直升机结构十分相似，许多关键部分也是按照等比例进行缩放制作的。单旋翼无人机相较于多旋翼无人机来说具有速度快、载重大的优势，在航拍摄影早期，许多竞速类的航拍镜头都是依靠单旋翼无人机搭载单反相机来实现的。

图1.3　共轴双桨大载重直升机

　　但单旋翼无人机的缺点也很明显。一是操作难度高，飞行的手感和多旋翼无人机有较大的区别，需要专门花时间去学习、熟悉飞行技巧，稳定性也没有多旋翼无人机好。二是它并不能满足多数航拍需求，目前竞速类航拍镜头有穿越机可以完成，搭载大载重设备有六轴、八轴无人机代替，因此单旋翼无人机已经慢慢退出了航拍领域。目前，操作单旋翼无人机的场景多集中于特技飞行和表演，如果是用单旋翼无人机表演3D特技飞行动作还是很酷的。

1.1.3　固定翼无人机

固定翼无人机的设计原理是从有人驾驶飞机上延续下来的，其飞行方式和外观布局都和现在的有人驾驶飞机一样，例如经典的塞斯纳小型飞机，固定翼无人机中也有同款。固定翼无人机的飞行原理和多旋翼无人机不同，它是借助螺旋桨运动产生的推力和机翼翼型产生的升力来克服空气阻力和地球重力实现飞行的。固定翼无人机有飞行距离远的优点，可通过架设地面数传图传基站的方式实现几十千米的超远距离飞行，但缺点也很明显，就是飞行中不能悬停，需要一直保持飞行的动力并向前飞行，目前固定翼无人机多用于国土测量和遥感测绘，在航拍中较少运用到。如果你只是想体验一下固定翼飞行的视角，可以在航模固定翼上安装FPV（第一人称视角）镜头或运动相机来观看体验。

图1.4　大型固定翼无人机

1.1.4　穿越机

这里单独介绍一下穿越机。穿越机也叫竞速无人机，是一种以飞行体验为第一要素，为减轻机身重量，只保留维持飞行必须的单片机的四轴无人机。既然是四轴无人机，那么它就属于多旋翼无人机，之所以将它单独拎出来介绍，是因为它和普通多旋翼无人机不同，具有速度快、操控灵活、画面冲击力强、可大幅度完成特技飞行动作、机身能够完全旋转飞行等特点，并且飞手不仅仅是通过遥控器来控制它，而是通过戴上FPV眼镜，接收从飞机上传来的第一人称画面，判断飞机姿态来操控它。此类飞机一般是飞手自己购买飞机各个配件自己焊接组装，也可以直接购买套机。

图1.5 DIY穿越机

图1.6 第一视角操作穿越机

　　穿越机的速度最快能达到230千米/小时，这是其他飞行器难以企及的速度优势。早期的穿越机用户以航模爱好者和无人机竞速玩家为主。无人机竞速运动是近年新兴的科技运动，由于速度极快，无人机竞速也被称为"空中F1"。很多竞速玩家一开始都是被竞速无人机的速度、炫酷、刺激所吸引，他们开始能关注到穿越机大多是因为从玩航模中转化来的。近些年随着各种穿越机竞赛的举办，大家慢慢开始熟悉这种酷炫的无人机设备，目前已经有许多职业穿越机飞手组成战队参加穿越机的赛事，赛事奖金通常比较丰厚，吸引力十足。不过，激烈竞速中，由于操作不当或机器故障等因素导致穿越机不正常坠地的炸机事件对于新手来说并不鲜见，因为穿越机很难操作，对飞手的技术要求非常高，因此它属于一个非常小众的无人机类别，一般是"骨灰级"玩家才会使用的设备。

图1.7 穿越机比赛直播画面

另外，穿越机在航拍领域也是一把好手，它能充分发挥自身的优势，拍出普通无人机拍不到的画面。普通无人机具备增稳功能和悬停功能，为的是能拍出稳定的画面效果，而穿越机并没有增稳功能，完全利用"手动模式"进行操作，这也就决定了它可以完成空中翻转、俯冲向下、灵活移动等飞行动作，因此能够拍摄到和普通无人机不同视角的画面。

在航拍领域，穿越机主要用于拍摄部分影视镜头和速度竞技类广告。例如穿越机飞控大师Jonny Schaer就曾借助定制穿越机和配备全域快门的新款超高速紧凑型4K相机Freely Wave，拍摄出一部精彩独特的保时捷跑车广告。这部保时捷广告将穿越机的速度之快与动作之灵活表现得淋漓尽致，充分体现了用穿越机拍高画质慢动作视频的巨大潜力。我们可以从广告画面中看到，穿越机是在沙漠和雪地中追逐飞驰的跑车并近距离拍摄的，并且在这一过程中穿越了飞沙走石，飞穿了正在高速行驶的跑车车窗，这种震撼的效果和精湛的技术令人叹为观止。对于人们觉得视频里加入了特效画面的疑问，Jonny强调那些沙石溅向镜头的画面绝非视觉特效或电脑动画，它们真正是穿越机近身飞跃跑车时拍下的尘土石块。

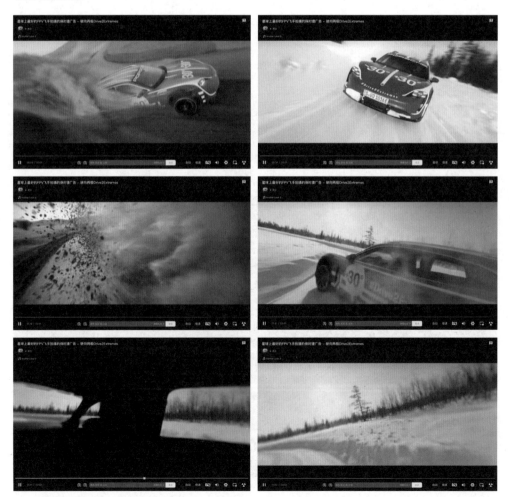

图1.8 用穿越机拍摄的保时捷跑车广告

通过对以上几种无人机的介绍，不难看出主流的航拍设备还是以四轴无人机为主，这类无人机更适合大众使用。当然，如果你已经有了一定的飞行能力和技巧，也可以使用穿越机进行一些特殊镜头的拍摄。而单旋翼无人机和固定翼无人机并不符合多数人的航拍需求，只适合小部分有特殊需求的群体使用，因此不推荐普通航拍爱好者购买。

1.2　航拍无人机的品牌型号

"全球每卖出10台无人机，其中就有8台大疆。"大疆作为目前市面上最主流的无人机品牌，几乎已经实现了航拍无人机的市场垄断，以至于人们一提起无人机首先想到的就是大疆。不过，除了大疆，仍有一些其他小众品牌占据了全球约20%的无人机市场份额。本节将会介绍那些常见的无人机品牌。

1.2.1　大疆

大疆是中国人自己的无人机品牌，是最早专注于航拍类无人机研发与生产的公司之一。该品牌拥有多个系列的航拍无人机，由入门级到专业级，应有尽有。

大疆首款面市的一体化小型多旋翼无人机是精灵（Phantom）系列，它在整个航拍无人机领域中具有划时代的意义。初代的精灵无人机已经具备了垂直起降、自主飞控系统、低电量报警、自动返航等功能，这些技术在当时都是非常领先的，美中不足的是云台和相机还没有和无人机进行结合，所以需要搭配运动相机来进行航拍。缺少了云台增稳的相机拍摄的画面容易出现水波纹，因此画质不够理想。此后，大疆相继推出了精灵2代、精灵3代、精灵4代。在精灵3代问世的时候，就已经有和机身结合在一起的云台相机，画质得到了明显的改善和提升。

图1.9　大疆精灵1代无人机

　　为了迎合消费者对无人机便携性的需求，大疆又研发制造了可折叠无人机——大疆御（Mavic）系列。从最早的Mavic 1 和Mavic Pro开始，到后来的御2代、御3代，涵盖了不同机身尺寸、镜头像素、续航时长和拍摄功能。

图1.10 御Mavic AIR 2无人机

　　为了满足影视级别需求，能搭载更高画质摄像头的悟（Inspire）系列无人机问世。悟系列无人机大多由专业影视团队和剧组使用，可自由更换禅思X5S、禅思X7等不同功能的云台相机，酷炫的外表和可升降的机臂也让消费者对这款充满科技感的无人机充满了好感。

图1.11 悟Inspire 2无人机

　　随着多款无人机的面世，大疆将航拍无人机的研发制造推向了一个新的高潮。大疆无人机的发展历程也在很大程度上代表了中国乃至世界范围内的航拍无人机水平，这也是绝大多数航拍爱好者选择大疆无人机的理由，因为它懂得如何帮助人们拍出优秀的航拍作品，通过强大的软件功能让新手快速学会航拍无人机的操控。

　　事实上，大疆每发布一款新产品都会备受瞩目。那么哪款无人机才是真正适合你的呢？大疆有5个系列的无人机都深受用户喜爱，款款身怀绝技，即使是不善航拍的新手，也能迅速上手，用他们的独特视角探索世界。不论是一键将眼前美景拍成大片，还是享受畅爽的沉浸式飞行，总有一款大疆无人机能够帮你轻松实现。这5个系列分别是大疆精灵（Phantom)系列、大疆御（Mavic）系列、大疆悟（Inspire）系列、大疆Air系列和大疆Mini系列。

如果你是用来航拍创作，并且注重轻量化，那么你可以选择超轻的大疆Mini 系列，它的起飞重量不到300克，相当于一个苹果的重量。如果你是进阶玩家，同时也想兼顾重量，可以选择大疆 Air系列，它是集飞行与拍摄于一身的高性价比机型，小巧的机身提升了它的便携性。如果Air系列仍不能满足你的需求，那么大疆御（Mavic）系列显然会更适合你，它可是许多航拍爱好者梦寐以求的无人机，紧凑的机身蕴藏着强悍性能，配备行业领先的哈苏相机，可拍摄细节充沛、色彩明艳的画面，不过它的重量会更重一些。此外，大疆精灵（Phantom)系列是专业级4K航拍无人机，同时飞行性能十分强劲，配备先进的五向障碍物感知技术，为飞行保驾护航。大疆悟（Inspire）系列集多种先进技术于一身，最高配置的X7云台相机可以搭载APS-C画幅传感器，拍摄画质极佳，能充分满足行业和专业影视用户对于拍摄的高要求，更加适合影视航拍使用。

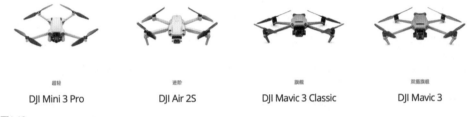

| 超轻 | 进阶 | 旗舰 | 双摄旗舰 |
| DJI Mini 3 Pro | DJI Air 2S | DJI Mavic 3 Classic | DJI Mavic 3 |

图1.12

1.2.2　道通

道通无人机也是中国的无人机品牌之一。2015年，道通在无人机研发中开始了第一次探索，道通智能正式在美国发布第一代无人机产品X-STAR，一款即飞式的航拍一体机。X-STAR的外观造型与大疆的精灵系列类似，采用三轴稳定云台设计，安装有1200万像素和4K超高清航拍的摄像头。直观的遥控器，带有LCD显示屏和一键动作按钮，可控制距离最远1.25英里的无人机双GPS / GLONASS卫星定位，确保稳定飞行；通过适用于iOS和Android的免费应用程序实现自主飞行模式和高清实时视图。正因为如此，道通无人机凭借其卓越的品质在海外市场迅速积累了良好口碑。

图1.13 道通X—STAR

在推出第一款无人机产品后，道通公司又专注于研发新款无人机的造型和功能。2018年，新一代可折叠智能航拍无人机EVO在海外上市。2020年，道通智能发布EVO II系列，正式回归国内市场。其中，EVO II和EVO II PRO将折叠式无人机画质推向新高度，在消费级市场获得极高美誉度。

图1.14 道通EVO II Pro V3

不过，该品牌的无人机主要服务于安防、巡检、应急、测绘这四大板块，为消防、搜救、执法、能源、测绘等应用领域带来高效智能的作业体验。如果你是航拍爱好者，则不太推荐购买。

安防	巡检	应急	测绘
·治安巡逻	·电力巡检	·消防救援	·国土测绘
·交通巡查	·林业巡查	·野外搜救	·工程测绘
·边境巡防			
·海防缉私			

图1.15 道通无人机的主要应用领域

1.2.3 美嘉欣

美嘉欣同样是一家专注于研发、生产和销售无人机的中国公司，早年是靠生产售卖玩具和航模而出名的。不过因为其生产的航模不具备自主增稳、自动返航、超视距飞行、防抖云台等核心功能，所以当时市面上可以见到的款式还不能称之为航拍无人机。后来根据市场发展需要，美嘉欣打造了一支对无人机产品和国际无人机市场有着深入了解的专业团队，逐步研发生产出了适应当代需求的航拍无人机，最有代表性的就是"BUGS"小怪兽系列。

| MG-1 | BUGS 12 EIS | BUGS 16 PRO | BUGS 19 | BUGS 20 EIS |

图1.16 美嘉欣BUGS系列

　　BUGS系列无人机是名副其实的千元机，其中购买BUGS 19和BUGS20 EIS的用户最多。这个品牌更适合初级航拍爱好者和航模爱好者购买。

图1.17　美嘉欣BUGS 19

图1.18　美嘉欣BGUS 20 EIS

1.2.4　PARROT（派诺特）

　　看完前面几个国内的无人机品牌后，我们再来了解一下国外比较有名气的无人机品牌。Parrot（派诺特）可以说是无人机爱好者较为熟知的一个国外品牌了，号称"欧洲无人机领导者"。它于1994年成立于法国巴黎，于2010年前后开始了最初期的无人机研发与生产。最早推出的四轴飞行器AR.Drone 2.0是一款设计简洁的多旋翼无人机，可以通过WiFi连接iPad、iPod和iPhone进行遥控，并配备多个感应器和摄像头，支持多点触控及重力感应。

　　在此之后的2014年，Parrot的另一款产品Parrot Bebop Drone成为了该公司的明星产品，该款产品配备了专业级无人机的性能配置，将1400万像素、180°广角的高清摄像头与FPV（第一视角操控）融合，以超轻质玻璃纤维强化ABS工程塑料为制作材料，并加入了紧急情况下的飞机降落模式。凭借其出色的性能和好看的外观，Parrot Bebop Drone一举成为了当时航拍无人机产品中的销量冠军。

图1.19　Parrot AR.Drone 2.0

图1.20　Parrot Bebop Drone

近些年Parrot公司围绕设备性能进行了开拓与创新，推出了主打警用装备的航拍无人机Anafi和利用仿生学原理设计的有趣外观造型的Anafi Ai。

Anafi主打多功能镜头，结合可见光和红外热成像结合的镜头，可以观察到不同种类的影像资料。此模式和大疆推出的御2行业进阶无人机非常类似，都是在高清摄像头的基础上增加功能镜头以满足不同场景的使用需求。Anafi的使用合作单位也都赫赫有名，包括美国联邦调查局、美国缉毒局、美国国家海洋和大气管理局、美国商务部、美国国务院、美国海关及边境保卫局、美国国土安全部、美国海军、美国陆军、美国农业部和马萨诸塞大学等。

图1.21 Parrot Anafi

图1.22 Parrot Anafi在军队中的应用

Anafi Ai则是将航拍无人机与仿生学进行了良好的结合，在现如今千篇一律的无人机外观造型中不失为一个有趣的尝试，其搭载的镜头可完成4800万像素4K超高清60帧画质的画面拍摄，算得上是航拍设备里的中高端产品。

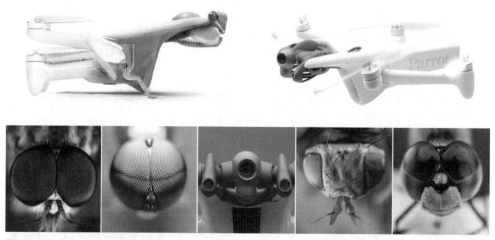

图1.23 Parrot Anafi Ai的仿生外观设计

尽管Parrot如此有名，但国内用户并不多见。原因不外乎购买渠道太少、维修麻烦，不适用于普通航拍无人机用户等。

选购无人机的参考因素

选购无人机的时候，你会综合考虑哪些因素呢？无人机的功能、性价比、实用性和便携性等都是无人机用户关注的问题。不同品牌、不同系列的无人机都有着各自的特性，有的主打拍摄性能，有的主打飞行速度，有的主打续航时长……对于购买无人机的用户而言，了解自身的使用需求是十分必要的。本节将会逐一列举影响无人机用户选购产品的几大因素，帮助大家全方位选择最适合自己的无人机机型。

对于摄影爱好者来说，大疆无人机仍是首选，因此这里将重点介绍大疆无人机的系列机型。如果你也和大家一样不考虑其他品牌，只看这一篇选购指南就够了。

1.3.1 价格

我相信无人机的价格是大多数用户选购产品时最先考虑的因素，因为这类人群的预算有限，因此在预算内选择一台喜欢的无人机才最为合理。毕竟拿着买五菱宏光的钱去看保时捷，不管多么心动也不会购买，只会浪费时间和精力。

市面上的航拍无人机可以分为以下几个级别，不同级别的无人机有着不同的价格区间。

● 入门级

入门级无人机的价格通常在1000~5000元。入门级无人机一般都是尺寸较小的机型，例如重量不超过250g的迷你型无人机。购买这个价格区间内的无人机产品主要考虑飞机的稳定性，用有限的预算解决最主要的问题。额外补充一点，那些价格在千元内的无人机产品多是商家为宣传推广而打出的噱头，其实基本不具备航拍无人机的功能，如果你是买来用作送小朋友的玩具可以考虑购买。

● 进阶级

进阶级无人机的价格通常在5000~15000元。这个价格可以买到尺寸更大、功能更完善、操作性更强的无人机产品。进阶级无人机的用户一般都是对无人机有一定了解的，会根据自己的需求进行选购，比如他们会专门选择一台能够拍摄4K视频的无人机或是续航时间大于40分钟的无人机。就目前来看，大疆御3系列是万元级无人机里性能最为优越的一款。挑选进阶级无人机时，可在保证基础功能的前提下根据预算选配带屏遥控器、备用电池、UV镜、充电管家等。

● 专业级

专业级无人机的使用群体较为小众，这类用户通常是对画质有高要求的专业影视团队、公司或剧组，其价格区间一般在几万元到几十万元不等。这类无人机多数是以飞行平台的形式出现，搭载专业影视设备来进行摄影和摄像。

1.3.2 续航时间

续航时间是无人机性能的一个重要表现部分。在航拍的过程中，拥有更长的飞行时间就意味着可以选择更多的拍摄角度和拍摄方式。目前航拍无人机的续航时间一般在15~45分钟，建议大家在选购无人机的时候尽量选择续航时间在30分钟以上的机型。如果续航时间过短，在拍摄距离起降点较远或者距离地面较高的画面时，电量可能难以坚持到拍摄结束，只能将无人机返航更换电池后再重新起飞拍摄，效率和效果都会大打折扣。

1.3.3 图数传距离

图数传距离包含两个概念：图传距离和数传距离。两者都是指信号传输距离的远近，一个是传输图像，一个是传输遥控信号，这两组信号将遥控器和无人机设备进行链接。如果图传数据断开的话，遥控器端就会看不到无人机的实时画面；如果数传信号断开的话，无人机则会进入失控状态。

在选购无人机的时候，尽量选择信号强度超过5千米的图数传距离，如果图数传效果差、距离短，则非常影响飞行体验和拍摄效果。因为无人机产品的图数传距离标注都是以空旷环境来计算的，所以如果你是在有障碍物遮挡或是电磁信号复杂的区域内飞行，实际传输距离会大打折扣。

1.3.4 照片质量

照片成像质量的好坏主要是由CMOS（图像传感器）来决定的。CMOS面积越大，相机能够感受到的进光量就越多，拍摄出来的成像质量就越好，这也是为什么大家常说"底大一级压死人"的原因。

在选购航拍无人机的时候，在预算范围内优先对比CMOS的尺寸信息，尽量选择"底面积"最大的。无人机的CMOS一般有1/2英寸、4/3英寸、1英寸等。尺寸数值越大，CMOS的底面积越大，成像质量越好。除此之外，像素也会或多或少地影响照片的质量，可以作为辅助条件进行参考。

1.3.5 视频质量

视频的质量主要参考分辨率、帧率、码率这三个参数。

视频的分辨率主要决定视频的画幅。分辨率越高，画幅越大；分辨率越低，画幅越小。例如，我们常说的4K视频，就是3840×2160的分辨率。

视频的帧率是用于测量显示帧数的量度。测量单位为每秒显示帧数（fps）。由于人类眼睛的特殊生理结构，如果所看画面的帧率高于60帧，就会认为画面是连贯的，此现象称之为视觉停留。无人机的画面一般会用到30帧或60帧，帧数越大，画面看起来会越流畅。

　　码率也叫采样率（比特率）。主要是指每秒钟时间内的数据流，单位是bit/s。码率越高，对画面的描述越精细，画质损失越小，所得到的画面越接近原始画面，但同时也加大了储存空间。

　　在选购无人机的时候，可以将分辨率、帧率和码率作为备选因素来参考，具体根据自己的拍摄需求进行选择。

1.3.6　携带方式

　　目前无人机都在向着便携式的方向发展。最初的老款无人机机臂是不可折叠和拆卸的，携带时会在无形中增加箱包的体积。对于航拍摄影师来说，当然要优先选择占空间小的折叠式无人机。

　　另外，无人机的尺寸也会对携带方式产生影响。同样是折叠式无人机，尺寸越大重量就越大，携带就越不方便。有些航拍摄影师外出拍摄时还会同时携带单反相机、三脚架或其他摄影器材，因此选择一个合适尺寸的无人机也是很重要的，目的是减轻负重。

　　综上所述，你可以综合考虑无人机的价格、续航时间、图数传距离、拍摄参数、体积和重量，也可以只考虑对你来说最重要的一个或几个因素。鱼和熊掌不可兼得，有时候不用过分纠结挑选不到各方面都完美的无人机产品，适合你的就是最好的。

 # 航拍无人机推荐

　　对于航拍新手来说，建议先购买小型入门级无人机试试手，训练一下操控手感与飞行动作，即便不小心炸机了也没关系，至少便宜的无人机摔坏了也不会让你那么心疼。在初步掌握无人机的操作后，再去更换操作更加复杂的机型。

　　对于摄影爱好者来说，如果你本身有了一定的飞行经验和摄影水平，想要扩展自身的拍摄领域，可以入手进阶级的无人机，也就是各大无人机品牌的航拍旗舰机型。这类无人机的拍摄能力更加出众，成像画质更有保障。

　　影视行业以及商业广告行业的专业摄影师，可以选择购买专业级无人机。

　　如果你仍然苦心于不知如何选择，不妨看看本节的内容，直接抄作业吧！

1.4.1　入门级无人机

● 美嘉欣MG-1

美嘉欣主打的小怪兽系列作为入门级航拍无人机，其价格相对来说比较便宜，操作方式也简单易学，缺点是功能相对较少。例如MG-1，价格在1000~1500元，适合刚接触无人机又预算有限的朋友选择。该款无人机支持一键起降和一键返航，2轴防抖云台搭配EIS摄像头，支持拍摄3840x2160、30fps的视频，配套的App具备跟随、环绕、地图指点飞行、电子围栏等功能。

图1.24　美嘉欣MG-1

图1.25　美嘉欣MG-1

● 大疆Mini系列

大疆Mini系列的定位精准，是尺寸最小、重量最轻的大疆无人机。以大疆Mini 3 Pro为例，目前它的官方售价为4788元，起飞重量小于249g，可以不用进行实名注册，飞行无需报备，能够在非禁飞区的视距内安全飞行，非常适合刚入门的航拍爱好者使用。对于大多数不熟悉空域和空域申报流程的新手朋友来说，选择这款产品无疑是最为合适的。此外，大疆Mini 3 Pro还具备前后下视三向双目避障系统，支持拍摄最高4K/60fps和4K/30fps HDR视频，最长飞行时间34分钟，还能无损竖拍，焦点跟随（智能跟随、兴趣点环绕、聚焦），配备大师镜头和延时摄影功能。

图1.26　大疆 Mini 3 Pro

图1.27　大疆 Mini 3 Pro

1.4.2　进阶级无人机

● 大疆Air 2s

Air 2s是大疆Air系列无人机里的最新款，它是一款价格和功能适中的产品，消费群体也十分广泛。Air 2s搭载1英寸影像传感器，支持拍摄5.4K超高清视频，配备大师镜头，12千米1080p 图传，四向环境感知。

图1.28 大疆 Air 2s

图1.29 大疆 Air 2s

　　Air 2s基础套装的官网售价为6499元，促销价格低至5529元。目前这款产品很适合预算有限又想升级产品到相对专业水准的群体，性价比很高。

图1.30 大疆 Air 2s基础套装

● **大疆Mavic 3**

　　Mavic 3作为大疆航拍无人机中主打的旗舰机型，不论从定位还是功能上都可以说是进阶级无人机中最好的。正如它的宣传口号"影像至上"一样，新一代Mavic 3在Mavic 2的基础上进行了全新升级，具备专业级影像性能，可拍出超高清超高帧率的航拍画面。4/3英寸 CMOS 的哈苏相机、46分钟飞行时间、全向避障、15千米高清图传、高级智能返航等配置大大增加了拍摄的功能性，视频方面支持5.1K视频录制和DCI 4K/120fps，10-bit D-Log可记录多达10亿种颜色，不仅能更细腻地呈现天空色彩渐变层次，还能保留更多的明暗细节，为后期制作提供更宽广的空间。这些参数无一不让这款无人机的拍摄效果显得更加出众。

图1.31 大疆 Mavic 3

图1.32 大疆 Mavic 3

在飞行性能方面，Mavic 3也十分出彩。最高可支持6000米的飞行高度，在无风环境下可以飞行46分钟，最大可抗12m/s的风力。Mavic 3搭配大疆最新的O3+图传，最远信号距离可达15千米，即便是一般情况下，也能到8千米的飞行距离图传信号不中断的优异表现。这里不得不提一句，在近期大疆的飞行测试项目中，Mavic 3无人机成功从珠穆朗玛峰的顶峰升起，并飞行至9232.86米的高度，一举打破了航拍无人机的最高飞行纪录。

图1.33 大疆 Mavic 3在珠峰顶起飞

　　大疆Mavic 3有4个套装可供挑选，分别是基础套装、畅飞套装、畅飞套装（DJI RC Pro）和Cine 大师套装，价格由12888元至32888元不等。如果预算充足的话，可以选择购买包含带屏遥控器的畅 飞套装（DJI RC Pro）；资金有限又想拥有Mavic 3的话，基础套装或者畅飞套装也是很好的选择。

图1.34　大疆 Mavic 3基础套装

图1.35　大疆 Mavic 3畅飞套装（DJI RC Pro）

● 道通EVO II Pro

EVO II Pro作为道通主打的航拍无人机，也可以占据进阶级航拍无人机的一席之地。搭载索尼2000万像素超感光CMOS传感器，支持高达6K的视频分辨率，具备更大的动态范围、更强的噪点抑制能力、更高的帧率。相机配备了f2.8~f11可调光圈，无论在明亮或昏暗的光照环境中都能通过调节光圈获得出色的影像表现。9千米高清远程图传，40分钟的长续航，最高8级风的抗风能力，最快20m/s的飞行速度，全向避障，还能搭配Live Deck 2进行现场投屏或者通过第三方App进行在线直播，与全世界共享你所邂逅的美景。目前，这款无人机的官方售价在13000元左右，对标的产品是大疆Mavic 3。

图1.36 道通EVO II Pro

1.4.3 专业级无人机

● 大疆Inspire 2

悟系列无人机一直是大疆主打的高端航拍无人机，其酷炫的外形让人过目不忘，可升降式的机臂结构充满科技感和艺术感。Inspire 2作为悟系列的最新款无人机，一直受影视公司和专业剧组的青睐。

Inspire 2与普通无人机不同，每次飞行需要安装2块电池进行供电，有效飞行时间为25分钟左右。Inspire 2搭配大疆全新推出的禅思X7相机，最高可录制6K CinemaDNG / RAW和5.2K Apple ProRes视频。云台采用可拆卸式，可以更换镜头来满足不同的拍摄需求，目前支持禅思X4S、禅思X5S和禅思X7镜头。以X7镜头为例，镜头底座的基础下还可以再进行不同焦距镜头的更换，支持16mm、24mm、35mm、50mm的镜头。动力系统也有着全面提升，0~80 km/h所需加速时间仅为5秒，最大飞行速度可达94 km/h，最大下降速度可达9 m/s，在拍摄一些有高速运动的镜头时，悟2发挥着重要的作用。最新Flight Autonomy系统提供了关键传感器冗余和视觉避障能力。Spotlight Pro、动态返航点等多种智能拍摄、智能飞行功能，极大地拓展了创作空间。加之双频双通道图像传输、FPV摄像头、新一代多机互联技术、广播应用等一系列升级配置，使Inspire 2变得超乎想象的强大。目前，该款无人机处于停产阶段，但还可以在市面上找到存货，官方售价为19999元。相信不远的将来，新款的悟Inspire3无人机就会和我们见面。

图1.37　大疆 Inspire 2

图1.38　大疆 Inspire 2适配的禅思镜头

● **大疆M600**

大疆M600 从严格意义上来说不算是一款专门应用于影视领域的航拍无人机，它更像是一个大的无人机载荷平台，可赋予其不同的含义和用途。M600是一款六轴无人机，比常见的四轴无人机多了2个旋翼轴，更多的旋翼轴增加了它的载重能力。M600无人机需要同时安装6块电池才能起飞，最大载重量为15.5kg，许多影视剧和综艺作品中的俯视镜头都会使用M600 搭载单反相机和增稳云台来进行拍摄，以追求更佳的画质。飞机在6kg负载状态下可飞行15分钟，飞行时间也限制了此款无人机的部分性能。目前这款飞机也处于停产状态，但在过去产品性能没有如此优秀的时代，M600在航拍中发挥了重要的作用。

图1.39　大疆 M600无人机

CHAPTER **2**

第**2**章
熟悉无人机的系统
与配件

本章将详细介绍无人机系统所包含的系统内容与配件信息，如何激活无人机并进行固件升级。此外还将介绍无人机的界面功能分布，以及部分配件的操作方式。

2.1 开箱无人机与配件检查

当我们拿到无人机后，要进行开箱检查。首先要检查无人机机身的外观是否完好，有无磕碰。如果无人机或配件有损伤，应该及时联系售后解决，不要放任不管，否则在以后的飞行中可能出现很大的安全隐患。以下五点是需要用户额外注意的。

❶ **检查机身**：检查无人机机身的外观是否正常，有无破损与磕碰。无人机机身连接处的螺丝是否有松动现象，如果有问题请及时联系商家更换。

❷ **检查螺旋桨的桨叶**：检查桨叶是否正常，是否有弯曲、折断或者缺失等。

❸ **检查遥控器**：检查遥控器天线是否完好，摇杆是否在收纳槽中。

❹ **检查云台相机**：检查镜头是否有划痕，云台是否处于正常位置。

❺ **检查电池**：检查电池是否膨胀，是否渗出液体，如果出现异常请及时联系商家，并将问题电池进行报废处理。

图2.1 大疆 Mavic 3无人机畅飞套装

2.2 激活无人机与固件升级

无论哪款无人机，都会遇到激活与升级固件的问题。升级固件可以帮助无人机修复漏洞，提升飞行安全性。下面笔者以大疆 RC-N1这款标配遥控器进行讲解。

首先我们要将电池充电，以激活电池，再将电池装入无人机中。当电量显示不满两格时，建议先将电池充电至三格以上，以便完成后续的激活和升级操作。短按一次再长按约2秒飞行器和遥控器的电源开关即可分别开启飞行器和遥控器。

下载并打开"DJI FLY"App，根据屏幕上的指示完成激活操作。（如果是大疆 RC Pro带屏遥控器，可以直接打开App）。

图2.2 点击"激活"按钮

图2.3 点击"同意"按钮

图2.4 显示"激活成功"

　　当屏幕左上角出现新固件的升级提示时点击升级提示进入升级页面开始更新，在升级的过程中请不要断电或退出App，否则可能导致无人机系统崩溃。

图2.5　点击提示信息以更新

图2.6　点击"更新"按钮

图2.7　"下载中"界面

掌握无人机的规格参数

我们需要根据无人机的规格参数来确定拍摄计划，比如相机的传感器参数就决定了在拍摄夜景时应当使用何种手法来提高画质，抗风性决定了无人机在何种风速下飞行不会被吹跑，飞行速度在一定程度上决定了无人机能够多快返航等。掌握了无人机的规格参数就意味着能够更加高效地进行拍摄，降低风险。

例如，大疆Mavic 3无人机的部分参数如下图所示。读者可以根据自己的无人机型号，到大疆官网查询更全面的参数。

技术参数

飞行器

起飞重量	Mavic 3：895 克 Mavic 3 Cine：899 克
尺寸（折叠/展开）	折叠（不带桨）：221 mm×96.3 mm×90.3 mm（长×宽×高） 展开（不带桨）：347.5 mm×283 mm×107.7 mm（长×宽×高）
轴距	对角线：380.1 mm
最大上升速度	1 m/s（平稳挡） 6 m/s（普通挡） 8 m/s（运动挡）
最大下降速度	1 m/s（平稳挡） 6 m/s（普通挡） 6 m/s（运动挡）
最大水平飞行速度（海平面附近无风）	5 m/s（平稳挡） 15 m/s（普通挡） 21 m/s（运动挡）* *欧盟地区运动挡飞行最高速度不高于 19 m/s
最大起飞海拔高度	6000 米
最长飞行时间（无风环境）	46 分钟
最长悬停时间（无风环境）	40 分钟
最大续航里程	30 千米
最大抗风速度	12 m/s
最大可倾斜角度	25°（平稳挡） 30°（普通挡） 35°（运动挡）
最大旋转角速度	200°/s
工作环境温度	-10°C 至 40°C
快门速度	电子快门：8 至 1/8000 秒
最大照片尺寸	5280×3956
照片拍摄模式及参数	单拍：2000 万像素 自动包围曝光（AEB）：2000 万像素，3/5 张@0.7EV 定时拍照：2000 万像素，2/3/5/7/10/15/20/30/60 秒
录像编码及分辨率	Apple ProRes 422 HQ 5.1K：5120×2700@24/25/30/48/50fps DCI 4K：4096×2160@24/25/30/48/50/60/120*fps 4K：3840×2160@24/25/30/48/50/60/120*fps H264/H.265 5.1K：5120×2700@24/25/30/48/50fps DCI 4K：4096×2160@24/25/30/48/50/60/120*fps 4K：3840×2160@24/25/30/48/50/60/120*fps FHD：1920×1080@24/25/30/48/50/60/120*/200*fps

* 帧率数字为记录帧率，播放时默认表现为慢动作视频

图2.8 大疆 Mavic 3的部分技术参数

2.4　认识遥控器与操作杆

大疆 RC Pro 是新一代专业级遥控器,配备性能强悍的新一代处理器,支持O3+图传技术以及4G网络通信,采用大疆 FPV遥控器同款摇杆,带来丝滑手感,让影像创作更进一步。由于该款遥控器与标配的大疆 RC-N1功能相同,所以笔者接下来将以性能更加强大的大疆 RC Pro遥控器进行讲解。在无人机未使用的情况下,遥控器的天线是折叠起来的。

图2.9　大疆 RC Pro 天线折叠起来的样子

下面介绍遥控器上的各功能按钮,如右下图所示。

❶ **天线**:传输飞行器控制和图像无线信号。

❷ **返回按键**:单击返回上一级界面,双击返回系统首页。

❸ **摇杆**:可拆卸设计的摇杆,便于收纳。在"DJI Fly"App中可设置摇杆的操控方式。

❹ **智能返航按键**:长按启动智能返航,再短按一次取消智能返航。

❺ **急停按键**:短按使飞行器紧急刹车并原地悬停(GNSS或视觉系统生效时)。不同智能飞行模式下急停按键功能有所区别,详情请参考"掌握无人机器智能飞行模式"内容。

❻ **飞行挡位**:切换开关用于切换平稳(Cine)、普通(Normal)与运动(Sport)模式。

❼ **五维按键**:可在"DJI Fly"App中查看五维按键默认功能。查看路径为"相机界面"-"设置"-"操控"。

❽ **电源按键**:短按查看遥控器电量;短按一次,再长按2秒开启/关闭遥控器电源。当开启遥控器时,短按可切换息屏和亮屏状态。

❾ **确认按键**:选择确认。进入"DJI Fly"App后,可以作为C3键进行自定义。

❿ **触摸显示屏**:可点击屏幕进行操作。使用时请注意为屏幕防水(如下雨天时要避免雨水落到屏幕),以免进水导致屏幕损坏。

⓫ **micro SD卡槽**:可插入micro SD卡。

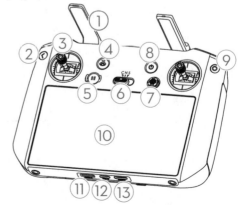

图2.10　大疆 RC Pro正面示意图

⑫ USB-C接口：为遥控器充电。

⑬ Mini HDMI接口：输出HDMI信号至HDMI显示器。

⑭ 云台俯仰控制拨轮：拨动调节云台的俯仰角度。

⑮ 录影按键：开始或停止录影。

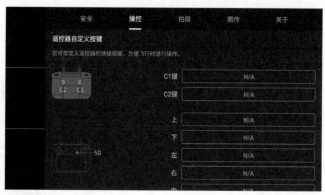

图2.11 自定义按键界面

⑯ 状态指示灯：显示遥控器的系统状态。

⑰ 电量指示灯：显示当前遥控器的电池电量。

⑱ 对焦/拍照按键：半按可进行自动对焦，全按可拍摄照片。

⑲ 相机控制拨轮：控制相机的变焦。

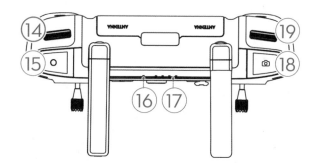

图2.12 大疆 RC Pro 顶部示意图

⑳ 出风口：帮助遥控器进行散热。使用时请勿挡住出风口。

㉑ 摇杆收纳槽：用于放置摇杆。

㉒ 自定义功能按键C1：默认云台回中/朝下切换功能，可前往"DJI Fly" App进行自定义。

㉓ 扬声器：输出声音。

㉔ 自定义功能按键C2：默认补光灯开关功能。可前往"DJI Fly"App进行自定义。

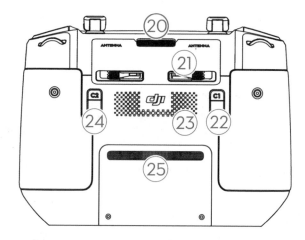

图2.13 大疆 RC Pro背部示意图

㉕ 入风口：帮助遥控器进行散热。使用时请勿挡住入风口。

　　遥控器摇杆的操控方式有两种，一种是"美国手"，另一种是"日本手"。遥控器出厂时，默认的操作方式是"美国手"。

　　"美国手"就是左摇杆控制飞行器的上升、下降、左转和右转操作，右摇杆控制飞行器的前进、后退、向左和向右的飞行方向。

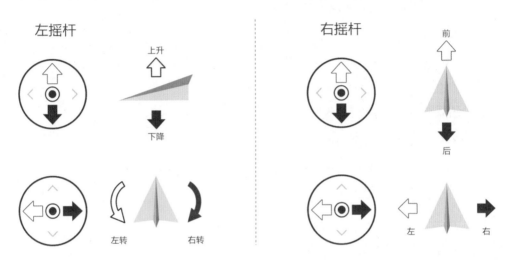

图2.14　"美国手"操作示意图

　　"日本手"就是左摇杆控制飞行器的前进、后退、左转和右转，右摇杆控制飞行器的上升、下降、向左和向右的飞行方向。

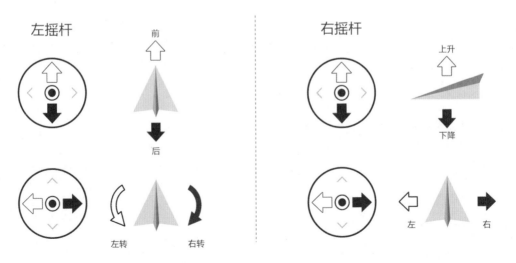

图2.15　"日本手"操作示意图

本书将以"美国手"为例,介绍遥控器的具体操作方式。这是学习无人机的基础与重点,能否安全飞行全靠用户对于操作杆的熟练度,希望大家能够熟练掌握。

2.4.1 左摇杆的具体操控方式

左摇杆往上推杆,飞行器升高。往下拉杆,飞行器降低。

往左打杆,飞行器逆时针旋转。往右打杆,飞行器顺时针旋转。中间位置时旋转角速度为0,飞行器不旋转。

摇杆杆量对应飞行器旋转的角速度,杆量越大,旋转的角速度越大。

左摇杆在中间位置时飞行器的高度保持不变。

飞行器起飞时,必须将左摇杆往上推过中位,飞行器才能离地起飞(请缓慢推杆,以防飞行器突然急速上冲,增加炸机风险)。

2.4.2 右摇杆的具体操控方式

右摇杆往上推杆,飞行器向前倾斜,并向前飞行。往下拉杆,飞行器向后倾斜,并向后飞行。

右摇杆在中间位置时飞行器的前后方向保持水平。

摇杆杆量对应飞行器前后倾斜的角度,杆量越大,倾斜的角度越大,飞行的速度也越快。

右摇杆往左打杆,飞行器向左倾斜,并向左飞行。往右打杆,飞行器向右倾斜,并向右飞行。

右摇杆在中间位置中位时,飞行器的左右方向保持水平。

摇杆杆量对应飞行器左右倾斜的角度,杆量越大,倾斜的角度越大,飞行的速度也越快。

2.5 认识云台

近年来，随着无人机的不断更新和进步，无人机中的三轴稳定云台为无人机相机提供了稳定的平台，可以使无人机在高空飞行的时候也能拍出清晰的照片和视频，稳定的云台甚至能够支持相机在夜景拍摄中达到6秒的长曝光。

通过拨轮调整云台

图2.16 通过拨轮调整云台

无人机在飞行的过程中，有两种办法可以调整云台的角度，一种是通过遥控器上的云台俯仰拨轮，调整云台的拍摄角度；另一种是在"DJI Fly"App的飞行界面中长按屏幕，此时屏幕将出现光圈，拖动光圈可以调整云台角度。

无人机的拍摄功能十分强大，云台可在跟随模式和FPV模式下工作，以拍摄出用户想要的照片或视频画面，图为大疆 Mavic 3无人机的相机。

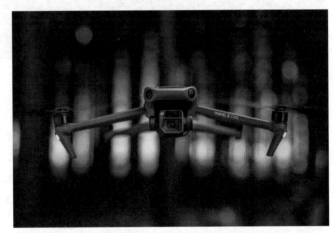

图2.17 大疆 Mavic 3云台相机

云台的俯仰角度可控范围为-90°～+30°。云台是非常脆弱的设备，所以在操作云台时需要注意，开启无人机的电源后，请勿再碰撞云台，以免云台受损，导致性能降低。另外，在沙漠环境下使用无人机时，要注意不要让云台接触沙子，防止云台进沙。如果云台进沙，将会影响云台性能，使其活动受阻。如果云台出现水平误差，可以进入云台选项进行云台自动校准，以恢复平衡。

2.6 认识显示屏

要想安全地操作无人机，读懂遥控器显示屏上的参数显得尤为重要，掌握这些信息就意味着能够减少炸机的概率。下面以大疆 Mavic 3 无人机最新款的大疆 RC Pro 带屏遥控器为例进行讲解。

图2.18 大疆 RC Pro显示屏

❶ **飞行挡位**：显示当前的飞行挡位。

❷ **飞行器状态指示栏**：显示飞行器的飞行状态以及各种警示信息。

❸ **智能飞行电池信息栏**：显示当前智能飞行电池电量百分比及剩余可飞行时间。

❹ **图传信号强度**：显示当前飞行器与遥控器之间的图传信号强度。

❺ **视觉系统状态**：图标左边部分表示水平全向视觉系统状态；右边部分表示上、下视觉系统状态。当此图标显示为白色时，表示视觉系统工作正常；当此图标显示为红色时，表示视觉系统关闭或工作异常，此时无法躲避障碍物。

❻ **GNSS状态**：用于显示 GNSS 信号强弱。点击可查看具体 GNSS 信号强度。当图标显示为白色时，表示GNSS信号良好，可刷新返航点。

❼ **系统设置**：系统设置包括安全、操控、拍摄、图传和关于页面。

❽ 拍摄模式

拍照：单拍、AEB 连拍、定时拍。

录像：普通及慢动作录像。

❾ 探索模式：打开探索模式后可点击变焦。 🔳 图标显示当前放大倍数，点击 🔁 图标实现变焦。AF / MF：为对焦按钮，点击或长按图标可切换对焦方式并进行对焦。

❿ ⏺：点击该按键可触发相机拍照或开始/停止录像。

⓫ ▶：点击查看已拍摄的视频及照片。

⓬ AUTO：拍照模式下，支持切换Auto挡和Pro挡，不同挡位下可设置参数不同。

⓭ 🔲：显示当前拍摄参数。点击可进入设置。

⓮ 🔲：显示当前SSD或SD卡的容量。点击可展开详情。

⓯ 飞行状态参数 🔲

D（m）：显示飞行器与返航点水平方向的距离。

H（m）：显示飞行器与返航点垂直方向的距离。

右上0.0（m/s）：飞行器在水平方向的飞行速度。

左上0.0（m/s）：飞行器在垂直方向的飞行速度。

⓰ 地图：点击可切换至姿态球，显示飞行器机头朝向、倾斜角度，遥控器、返航点位置等信息。

⓱ 自动起飞/降落/智能返航：点击展开控制面板，长按使飞行器自动起飞或降落。

⚓：点击该图标飞行器将即刻自动返航降落并关闭电机。

⓲ ‹：轻触此按键，返回主页。

2.7 认识充电器与电池

电池是专门为无人机供电的，如果电池电量不足，无人机就无法飞行。下面以大疆Mavic 3无人机配备的最新款电池进行讲解。大疆 Mavic 3智能飞行的电池是一款容量为5000 mAh、额定电压为 15.4 V、带有充放电管理功能的电池。该款电池采用高能电芯，并使用先进的电池管理系统，相较于上一代电池，续航时间提升了大约15分钟，达到了46分钟。我们在购买无人机的时候，飞行器本身会标配一块电池，如果想要更加高效地拍摄，推荐额外购买两块电池，这样在使用无人机时就能交替使用电池。图为大疆 Mavic 3无人机的电池。

图2.19 大疆 Mavic 3的电池

一块电池在飞行时最多能够飞行46分钟，所以如何使用电池、延长电池的使用寿命就显得异常重要，下面讲解几条电池使用和保管的要点。

❶ 电池在室外使用时能够承受的温度范围是-10℃~40℃，所以在夏天我们不能将电池长期暴露在太阳下暴晒；在冬天飞行前要对电池进行预热，以免飞行时发生意外。

❷ 电池在存储时有自放电保护设计，充满电后放置3天会自动放电至96%的电量。累计放置并在无任何操作9天后，电池将放电至60%的电量（期间可能会有轻微发热，属正常现象）以保护电池。右下图为电池信息界面，用户可以查看当前电池状态。

❸ 在低温环境（-10℃~5℃）下使用电池，请务必保证电池满电。在-10℃以下的环境无法使用电池飞行。当"DJI Fly" App提示功率不足时建议立刻停止飞行，待电池温度升高或充满电后再飞行。用户还可以在"DJI Fly" App中查看电池信息，以确保电池条件安全，如右图所示。

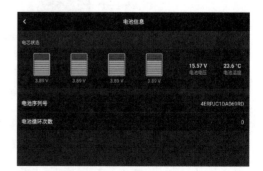

图2.20 电池信息界面

❹ 如果要携带无人机进行旅行，请不要把无人机的电池充满电，在出发前放电至50%左右。如果要将电池带上飞机，建议将电量放电至30%左右。在运输过程中避免对电池造成挤压、撞击等外力损伤，并在背包中安全存放。

❺ 在智能飞行电池关闭状态下，短按电池开关一次，可查看当前电量，如右图所示。短按电池开关一次，再长按电池开关2秒以上，即可开启/关闭智能飞行电池。电池开启时，电量指示灯显示当前电池电量；电池关闭后，指示灯均熄灭。

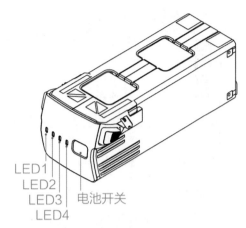

LED1
LED2
LED3 电池开关
LED4

图2.21 大疆 Mavic 3电池示意图

每次使用智能飞行电池前，请务必充满电。智能飞行电池必须使用大疆官方提供的充电管家以及专用电源适配器进行充电。大疆 Mavic 3充电管家配合标配电源适配器使用，可连接三块Mavic 3智能飞行电池，并根据电池的剩余电量高低依次为电池充电。充满单块电池的时间大约为1小时36分钟。

使用充电管家充电方法如下图所示：将电池按图示方向插入充电管家的电池接口，大疆 65W便携充电器连接电源接口至交流电源（100-240 V，50/60 Hz）。充电管家将根据电池的电量高低轮流为电池充电。充电过程中，充电管家状态指示灯显示当前状态，电池电量指示灯显示电量信息。充电完成后，请取下电池并断开电源连接。

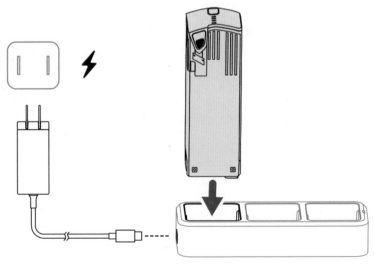

图2.22 电池充电方式

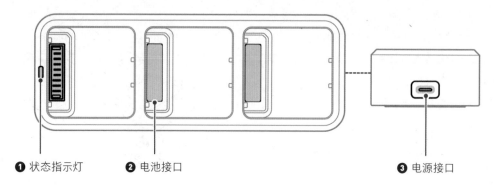

❶ 状态指示灯　　❷ 电池接口　　　　　　　　　❸ 电源接口

图2.23 电池充电器示意图

　　使用大疆 65W便携充电器充电方法如下图所示：连接便携充电器到交流电源（100-240 V，50/60 Hz）。在智能飞行电池关闭的状态下，连接飞行器与充电器。充电状态下智能飞行电池电量指示灯将会循环闪烁，并指示当前电量。电量指示灯全部熄灭时表示智能飞行电池已充满，此时请断开飞行器和充电器，完成充电。

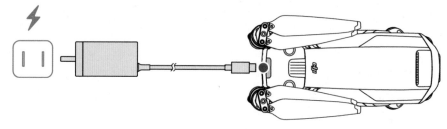

图2.24 大疆 Mavic 3充电方式

CHAPTER 3

第3章
无人机安全指南

无人机的安全涉及三个层面，一是财产安全，一旦发生坠机，会有财产的损失；二是注意避开限飞区，注意法律法规的限制；三是注意无人机坠机可能会对地面的行人及建筑产生伤害。

此外，本章还将介绍面对各种不同突发状况时的应对和挽救措施。

3.1 了解无人机的限飞区域

对于无人机的法律法规，我们一定要严格遵守。例如熟知无人机的禁飞区域，以免在不知情的情况下违反法律。

无人机的禁飞区域有很多，除了机场外，一些一线城市比如北京会全区域禁飞。还有一些人员密集的地区，比如商业区、演唱会、大型活动等都属于禁飞区域。其他的重要区域，比如军事基地、工厂、政府机关单位也是禁飞区域，在飞行时要尤为注意。

如果用户不清楚哪些区域属于禁飞区，可以通过大疆官方的"DJI Fly"App进行查询，下面介绍查询方法。

进入"DJI Fly" App主界面，点击左上角的地点，在弹出的界面中点击搜索框，输入你想查询的地点，即可在地图上显示此地点的禁飞区域。

图3.1 点击"附近航拍点"按钮

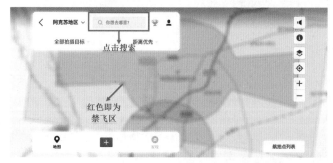

图3.2 点击搜索

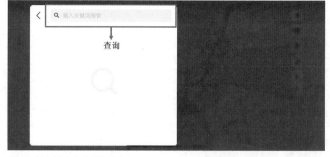

图3.3 输入地点名称进行查询

3.2 检查无人机的飞行环境是否安全

操作无人机的环境很重要，什么样的环境要额外注意，什么样的环境可以自由自在地飞行，这些都需要我们掌握。只有对飞行环境充分了解，才能安全地使用无人机，避免发生安全事故。

● 人群聚集的环境不要起飞

无人机起飞时要远离人群，不要在人群头顶飞行，这样很容易发生危险，因为无人机的桨叶旋转速度很快且很锋利，碰到人会划出很深的伤口，容易造成很大的麻烦。

图3.4 不要在人群头顶飞行

如果想要拍摄人群密集的大场景，但是又不能在人群密集的地方起飞，那应该怎么办呢？我们可以在远离人群的位置起飞，让无人机飞行至靠近人群的上方后进行拍摄，这样会稍微安全些。

图3.5 应远离人群起飞

● **放风筝的环境不要飞行**

我们不能在有风筝的地方飞行无人机，风筝是无人机的天敌。之所以这么说是因为风筝是靠一根很细的长线控制的，而无人机在天上飞行的时候，这根细线在图传屏幕上根本不可见，避障功能也会因此失效。如果一不小心撞到了这根线，那么无人机的桨叶就会被线缠住，甚至有可能直接炸机。

图3.6 不要在放风筝的区域操作无人机

● **在城市中飞行，要寻找开阔地带**

无人机在室外飞行的过程中主要依靠GPS进行卫星定位，然后依靠各种传感器才得以在空中安全飞行。在高低错落的城市建筑群中，建筑外部的玻璃幕墙会影响无人机对信号的接收，进而造成无人机乱飞的情况。同时高层建筑楼顶可能还会配备信号干扰装置，如果飞得太近很可能会丢失信号，导致无人机失联。

图3.7 在城市高空飞行

● 大风、雨雪、雷暴等恶劣天气不要飞行

如果室外的风速达到5级以上，对于无人机而言就属于比较危险的环境，尤其是小型无人机，比如大疆Mini系列在这种大风天气中飞行就会直接被风吹跑，无影无踪。大型无人机相对而言抗风性能会好一点，但当遇到更大风速的环境也很难维持机身平衡，可能导致炸机；在雨雪天气中飞行会将无人机淋湿，同时产生飞行阻力，可能会对电池等部件造成损伤，这种情况最好等雪停了以后再进行飞行，雪后的景色也是很美的；雷电天气飞行会直接引雷到无人机身上，无人机可能发生爆炸，非常危险。

图3.8 雪后航拍山脉美景

3.3 检查无人机机身是否正常

无人机的外观检查是飞行前的必要工作，主要包括以下内容。

❶ 检查无人机的外观是否有损伤，硬件是否有松动情况。

❷ 检查电池是否卡紧，未正确安装的电池会对飞行造成很大的安全隐患。下页左上图为电池未正常卡紧的状态，电池凸起，且留有很大缝隙；下页右上图为正确安装电池的效果。

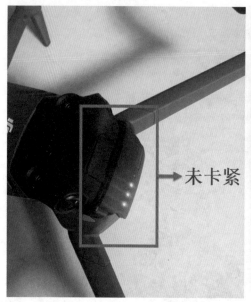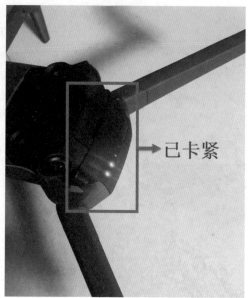

→ 未卡紧

→ 已卡紧

图3.9 检查电池是否卡紧

❸ 确保电机安装牢固、电机内无异物并且能自由旋转，螺旋桨正确的安装方法如下图所示。

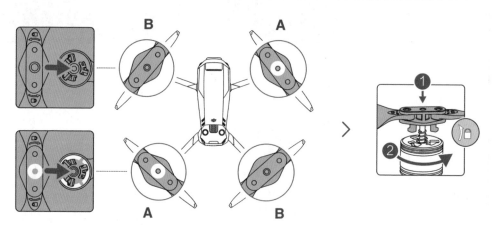

图3.10 检查螺旋桨是否正确安装

❹ 检查螺旋桨是否正确安装。桨叶正确安装方法为：将带标记的螺旋桨安装至带有标记的电机桨座上。将桨帽嵌入电机桨座并按压到底，沿锁紧方向旋转螺旋桨到底，松手后螺旋桨将弹起锁紧。可使用同样的方法安装不带标记的螺旋桨至不带标记的电机桨座上。

❺ 确保飞行器电源开启后，电调会发出提示音。

3.4 校准IMU和指南针

如果是全新未起飞的无人机，或者受到大的震动后，抑或者放置不水平都建议做一次IMU校准，防止飞行中出现定位错误等问题，这时开机自检的时候会显示IMU异常，此时就需要重新校准IMU。具体操作步骤如下：开启无人机遥控器，连上App，把无人机放置在水平的台面上；进入"DJI FLY" App，打开"安全设置"-"传感器状态"-"IMU校准"。如果无人机处于易被电磁干扰的环境中（比如铁栏杆附近），那么进行指南针校准是很有必要的，进行IMU校准与指南针校准的步骤如下图所示。

图3.11 查看IMU与指南针状态

图3.12 点击"开始"按钮校准指南针

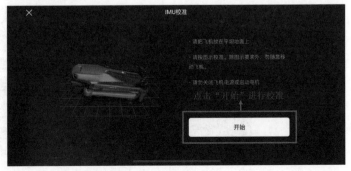

图3.13 点击"开始"按钮校准IMU

3.5 无人机起飞时的相关操作

无人机在沙地或雪地环境中起飞时，建议使用停机坪起降，能降低沙尘或雪水进入无人机造成损坏的风险。在一些崎岖的地形起飞时，也可以借助装载无人机的箱包来起降。

起飞无人机后，应该先使无人机在离地5米左右的高度悬停一会儿，然后试一试前、后、左、右飞行动作是否能正常做出，检查无人机在飞行过程中是否稳定顺畅。如果无人机的各项功能均正常，再上升至更高的高度进行拍摄。

在飞行的过程中，遥控器天线要与无人机的天线保持平行，而且要尽量保证遥控器天线与无人机之间没有遮挡物，否则可能会影响对频。

图3.14 站立姿态操纵无人机

3.6 确保无人机的飞行高度安全

无人机在户外飞行时，默认的最大飞行高度是120米，最大飞行高度可以通过设置调整到500米（当地没有限高的前提下）。对于新手来说，无人机飞行高度小于120米时是比较安全的，因为无人机会保持在我们视线范围内，便于我们监测其动向。当无人机脱离120米的高度限制后，我们就很难观测到它，可能因此引发炸机等事故。用户可以在App的安全设置中更改无人机的最大飞行高度。

图3.15 设置无人机的最大飞行高度

夜晚飞行注意事项

　　夜幕降临，华灯璀璨的美丽夜景总会让人流连往返，尤其用无人机拍摄可以俯瞰繁华夜色。航拍夜景大多都是在灯火通明高楼林立的市区，飞行环境相当复杂。夜晚航拍要想做到安全，就需要我们白天提前勘景、踩点。笔者建议大家提前在各大社交平台上查一下夜航飞行地点，找好机位后白天再去踩点，最好找一个宽敞的地方作为起降点。起降地点一定要避免树木、电线、高楼、信号塔。因为夜晚肉眼难以看到电线、建设中的楼宇障碍物，无人机的避障功能也将失效。另外，在航拍城市夜景时，还可以用激光笔照射天空，如果有障碍物，光线会被切断。

图3.16　航拍城市夜景

飞行中遭遇大风天气的应对方法

在大风中飞行无人机时要额外注意，因为大风会使无人机失去平衡，甚至吹飞小型的无人机。笔者建议在风中飞行无人机时，点击App左下角的 ◀ 按钮，再点击小地图右下角的"切换为姿态球"，如下图所示。

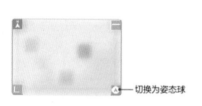

图3.17 切换为姿态球

姿态球中两条短线代表着飞机的俯仰姿态，当飞机处于上仰姿态时，双横线位于箭头下方，反之双横线位于箭头上方。因为地表和高空的环境存在差异（高空障碍物少，阻力低），通常都是无人机起飞之后，我们才发现风速过大。如果发现遭遇强风，建议立刻降低飞行器高度，然后尽快手动将飞行器降落至安全的地点。遇到持续性大风时，不建议使用自动返航，最好的应对方案是手动控制飞回。如果风速过大，App通常会有弹窗警告。

⊗ 风速较大，请注意飞行安全，尽快降落至安全地点

图3.18 风速过大时，通常会有弹窗警告

如果遭遇突如其来的阵风，或者返航方向逆风，可能会导致飞行器无法及时返航。此时可通过肉眼观察，或者查看图传画面，快速锁定附近合适的地方先行降落，之后再前往寻找。判断降落地点是否合适有三个标准。一个避免降落在行人多的地面，防止伤人。二是不会对飞行器造成损坏，平坦的硬质地面最好。三是易于抵达，且具有比较高的辨识度，易于后期寻找。

最后补充一点，遭遇大风且无法悬停时，可以将无人机的飞行模式调整为运动模式，这样可以以满动力对抗强风。要注意，一定要将机头对着风向逆风飞行，这样会大大增加抗风能力，但这种方法仅限于在紧急情况下使用，请勿轻易尝试。

3.9　飞行中图传信号丢失的处理方法

当App上的图传信号丢失时，应该马上调整天线与自身位置，看能否重拾信号，图传信号消失大概率是因为无人机距离过远或者信号有遮挡导致的。如果无法重拾图传信号，可以用肉眼寻找无人机的位置，假如可以看到无人机，那么就可以控制无人机返航；要是看不到无人机，就可以尝试手动拉升无人机的高度几秒来避开建筑物障碍，使无人机位于开阔区域，这样可以重新获得图传信号。

如果还是没有图传信号，那么应该检查App上方的遥控信号是否存在，然后打开左下角的地图尝试转动摇杆观察无人机朝向变化，若有变化则说明只是图传信号丢失，用户依旧可以通过地图操作无人机返航。

如果尝试了多种方法依旧无效，笔者建议按返航键一键返航，然后等待无人机自动返航，这是比较安全的处理方法。

3.10　无人机降落时的相关操作

在无人机降落的过程中，有许多值得注意的点。首先要确认降落点是否安全，地面是否平整，区域是否开阔，是否有遮挡等。无人机的电量也应该注意，如果无人机的电量不足以支持其返航，它就会原地降落，这时需要通过地图确定无人机的具体位置。在不平整或有遮挡的路面降落可能会损坏无人机。

在光线较弱的条件下，无人机的视觉传感器可能会出现识别误差。在夜间使用自动返航功能时应该事先判断附近是否有障碍物，谨慎操作。等无人机返回至返航点附近时，可以按停止键停止自动返航功能，再手动降落至安全的起飞点。

降落至最后几米时，笔者建议将无人机的云台抬起至水平状态，以避免无人机降落时镜头磕碰到地面。等降落到地面后，先关闭无人机，再关闭遥控器，以确保无人机时刻可接收到遥控信号，确保安全。

图3.19 在不平整或有遮挡的路面降落，可能会损坏无人机

3.11 如何找回失联的无人机

　　如果用户不知道无人机失联前在天空哪个位置，可以给大疆的官方客服打电话，在客服的帮助下寻回无人机。除了寻求客服的帮助外，我们还可以通过"DJI GO 4"App与"DJI FLY"App自主找回失联的无人机，笔者以"DJI GO 4"App进行步骤讲解。

　　❶ 进入"DJI GO 4"App的主界面，点击左上角的"设置"≡按钮。

　　❷ 在弹出的列表框中，点击"找飞机"选项，在打开的地图中可以看到当前的飞机位置。此外，用户在"飞行记录"中也可以查看当前飞机的位置。

　　❸ 进入个人中心页面，最下方有一个"飞行记录"列表界面。

图3.20 点击"设置"按钮

图3.21 点击"找飞机"或"飞行记录"选项

图3.22 "飞行记录"列表界面

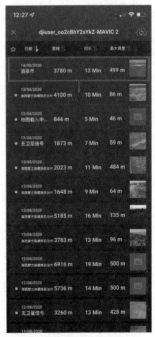

图3.23 点击最后一条飞行记录

❹ 从下往上滑动屏幕，点击最后一条飞行记录。

❺ 再度打开的地图界面中，可以查看无人机的最后一条飞行记录。

❻ 将界面最底端的滑块拖拽至右侧，可以查看到飞行器最后时刻的坐标值，通过这个坐标值，也可以找到飞机的大概位置。目前大部分无人机坠机记录点的误差在10米之内。现在就可以动身去找回你的无人机了。

图3.24 查看最后一条飞行记录

图3.25 查看飞行器最后时刻的坐标值

CHAPTER 4

第**4**章
无人机的使用设置
和模式选择

在使用无人机航拍时，不同的光线环境下需要设置不同的拍摄参数以及拍摄模式。下面以"DJI FLY" App为例，演示如何设置拍摄参数及拍摄模式，帮助用户拍出更加专业的作品。

4.1 快门

快门是指相机的曝光时间长短。快门速度的单位是秒（S），以数字大小来表示，一般有30秒、15秒、1秒、1/2秒、1/4秒、1/8秒、1/15秒、1/30秒、1/100秒、1/250秒、1/500秒、1/1000秒等。数值越大，快门速度越快，曝光量就越少；数值越小，快门速度越慢，曝光量就越多。

一般来说，拍摄高速移动的物体时，需要将快门速度设置快一些（小于1/250秒），这样可以将运动中的物体拍摄清楚，避免画面出现重影和细节模糊的情况。拍摄固定物体时，则可以将快门速度设置稍慢一些，但也不能过慢，安全快门为1/100秒，否则无人机在悬停状态下的轻微抖动也可能影响画面的清晰度。

图4.1 快门速度对画面清晰度的影响

高速快门可以捕捉运动主体瞬间的静态画面，例如绽放的烟花、飞行的鸟类、激荡的瀑布、飞驰的车流等。如下图所示，这是一张利用高速快门拍摄的立交桥照片，快门速度是1/200秒，桥上的汽车轮廓清晰，没有拖影。

图4.2 利用"高速快门"拍摄的立交桥，汽车轮廓清晰

而利用慢速快门可以拍摄出流光溢彩的拖影效果，也就是俗称的"慢门"拍摄。此方法特别适合拍摄高架桥和立交桥上川流不息的汽车车流。找一个合适的夜晚，将快门速度设置为低于1 秒，在固定机位进行稳定拍摄，即可拍出有"连续"美感的光轨照片。

图4.3　慢门拍摄的立交桥，汽车尾灯变成了光轨

通过以上两张照片的对比，我们可以清楚地看到设置不同快门速度对画面的影响。在拍摄不同场景时，只有设置了适合该场景的快门速度，才可以将一幅看似普通的画面拍的生动好看，展现出应有的美感。

在"DJI FLY" App的飞行界面中，我们可以看到右下角有一个"AUTO"图标，这代表目前的拍摄模式处于自动模式。

图4.4　自动模式

点击"AUTO"图标，可以切换为手动模式，此时界面右下角的AUTO图标会变为PRO图标。在手动模式下，可以修改快门速度、光圈、ISO感光度等参数。

图4.5 手动模式

向左右两端滑动快门滑块，即可调整快门速度。你可以调整除了自动对焦以外的所有参数，包括快门速度、光圈、ISO感光度等。在拍摄日落等高反差的场景时，建议使用手动曝光，根据你想要的画面氛围任意改变光圈和快门速度，可创造出不同风格的影像作品。

图4.6 在手动模式下，滑动快门滑块，调整快门速度

4.2 光圈

光圈是用来控制光线透过镜头进入机身内感光元件的装置。光圈的数值用f/值来表示，无人机镜头的最大光圈一般有f/ 2.8、f/ 4.0、f/ 5.6等。f/值越小，光圈就越大；f/值越大，光圈就越小。

光圈的大小决定了光线穿过镜头的进光量大小。光圈越大，进光量就越大，拍摄到的画面越明亮，常用于拍摄弱光环境；光圈越小，进光量就越小，拍摄到的画面越暗淡，常用于拍摄光线充足的环境。

光圈除了能控制进光量以外，还能控制画面的景深。景深就是指照片中对焦点前后能够看到的清晰对象的范围。景深以深浅来衡量。光圈越大，景深越浅，清晰景物的范围越小，常用于拍摄背景虚化的效果；光圈越小，景深越深，清晰景物的范围越大，常用于拍摄自然风光和城市建筑，能够将远处的细节呈现的更加清晰。

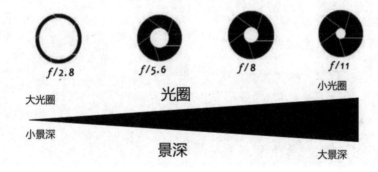

图4.7 光圈示意图

在手动模式下调节光圈的f/值，同时观察无人机的镜头，可以看到镜头内的机械结构也会随之发生变化。

图4.8 f/ 2.8

图4.9 f/ 4.0

图4.10 f/8.0　　　　　　　　　　　　图4.11 f/11

在"DJI FLY"App的飞行界面中，在PRO手动模式下，向左右两端滑动光圈滑块即可调整光圈大小。

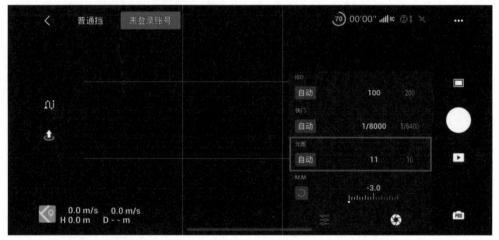

图4.12 在手动模式下，滑动光圈滑块，调整光圈大小

4.3　ISO感光度

ISO感光度是拍摄中最重要的参数之一。它是衡量感光元件对于光的灵敏程度，反映了感光元件感光的速度。

ISO的数值越大，感光度越高，对光线的敏感度就越高，越容易获得较高的曝光值，拍摄到的画面就越明亮，但是噪点也越明显，画质越粗糙。反之，ISO的数值越小，感光度越低，画面越暗，噪点越少，画质越细腻。换句话说，在其他条件保持不变的情况下，通过调节ISO的数值可以改变进光量的大小和图片的亮度，同时影响着画面的质量。因此，感光度也成了间接控制图片亮度和画质的参数。

无人机的ISO感光度一般在100~6400。在自动模式下，ISO感光度会根据光线的强弱进行自动调节，以免出现过曝或过暗的情况。在手动模式下，要配合快门和光圈的数值来进行手动调节，从而控制画面的明暗程度。

在"DJI FLY"App的飞行界面中，在PRO手动模式下，向左右两端滑动ISO滑块即可调整ISO大小。

图4.13 在手动模式下，滑动ISO滑块，调整ISO感光度

4.4 白平衡

白平衡的英文为White Balance，其基本概念是"不管在任何光源下，都能将白色物体还原为白色"，对在特定光源下拍摄时出现的偏色现象，通过加强对应的补色来进行补偿。相机的白平衡设定可以校准色温的偏差。在拍摄时，我们还可以大胆地调整白平衡来达到想要的画面效果。

白平衡设置是确保获得理想画面色彩的重要保证。所谓的白平衡是通过对白色被摄物的颜色还原（产生纯白的色彩效果），进而达到其他物体色彩准确还原的一种数字图像色彩处理的计算方法。白平衡的单位是K，一般无人机相机的白平衡参数在2000K~10000K。数值越小，色调越冷，拍摄到的画面越趋向于蓝色；数值越高，色调越暖，拍摄到的画面越趋向于黄色。

无人机的白平衡设置方法如下。

在"DJI FLY"App的飞行界面中，点击右上角的"…"按钮，进入系统设置界面。

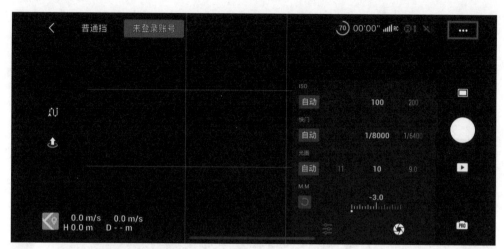

图4.14 点击"…"按钮，进入系统设置界面

在系统设置界面中选择"拍摄"，可以看到白平衡有"手动"和"自动"两个选项。无人机中的白平衡一般设置为"自动"即可。如果在航拍中遇到画面发绿、发黄、发蓝等情况，其原因就在于白平衡的设置上。如果想手动设置白平衡以实现想要的画面效果，则需要选择"手动"，然后向左右两端滑动白平衡滑块即可调整K值的大小。

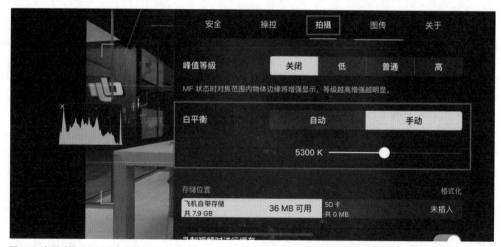

图4.15 在手动模式下调整白平衡参数

向左滑动白平衡滑块，可以看到K值在变小，画面也趋于冷色调。

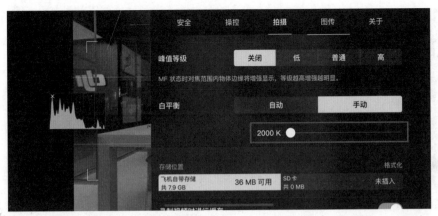

图4.16　向左滑动白平衡滑块，将白平衡调整为2000K

图4.17　画面变为冷色调

　　向右滑动白平衡滑块，可以看到K值在变大，画面也趋于暖色调。

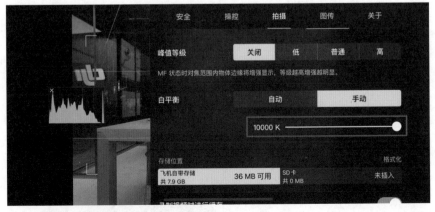

图4.18　向右滑动白平衡滑块，将白平衡调整为10000K

图4.19 画面变为暖色调

4.5 辅助功能

在航拍时，我们经常会用到三种辅助功能，分别是直方图、过曝提示和辅助线，可以帮助我们更好的调整取景角度和画面曝光，以达到提升画面构图和画质的目的。

4.5.1 直方图

直方图是用来显示图像亮度分布的工具，它显示了画面中不同亮度的物体和区域所占的画面比例。横向代表亮度，纵向代表像素数量。亮度直方图其实也是一种柱状图，纵向的高度代表了像素密集程度，峰值越高，分布在这个亮度范围内的像素就越多。

直方图的规则是"左黑右白"。左侧代表暗部，右侧代表亮度，中间代表中间调。通过观察直方图可以快速诊断画面的曝光是否正常。

一般来说，如果直方图的峰值集中在中间位置，形成一个趋于左右对称的山峰形状时，表示画面曝光正常。

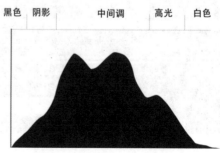

图4.20 直方图

如果直方图的峰值集中在最右侧区域，表示曝光过度。在这种情况下，你可以尝试使用更快的快门速度、更小的光圈或更低的ISO感光度来降低画面的曝光。

如果直方图的峰值集中在最左侧区域，表示曝光不足。在这种情况下，整体画面会显得很暗，这时可以尝试使用更慢的快门速度、更大的光圈或更高的ISO感光度来增加画面的曝光。

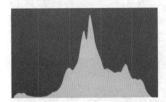

图4.21　曝光正常

图4.22　曝光过度

图4.23　曝光不足

在系统设置界面中选择"拍摄"，开启"直方图"开关，拍摄界面左侧就会出现直方图。

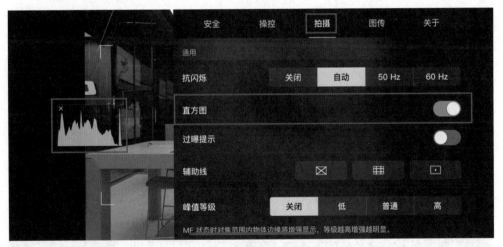

图4.24　开启"直方图"功能

4.5.2　过曝提示

过曝提示是基于画面曝光超过临界值而进行的提醒。当画面处于过曝的状态时，拍摄出来的画面发白，细节纹理不够清晰，后期的操作空间也比较小，基本无法通过后期对画质进行弥补。打开过曝提示能够及时提醒我们查看过曝细节，从而及时调节参数。

在系统设置界面中选择"拍摄"，开启"过曝提示"开关，即可在画面过曝时收到相应的提示。

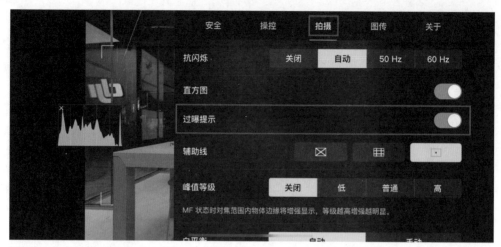

图4.25 开启"过曝提示"功能

可以看到，画面中出现了黑白相间的斑马线条纹，这就表示该区域的光线在整个画面中处于过曝的情况，通过观察直方图也可以验证这一点。

图4.26 过曝提示

此时不论是拍照还是录像，我们都可以根据画面的过曝程度调节参数设置，以保障画面的曝光处于正常水平。

4.5.3 辅助线

在"DJI FLY"App中，提供了三种辅助线功能以帮助飞手更好的构图取景，它们分别是"X型"辅助线、"九宫格"辅助线和"十字靶心"辅助线。

　　在系统设置界面中选择"拍摄"，可以看到以上三个辅助线选项，你可以根据自己的使用习惯进行选择。有拍摄经验的老手也可以不开启辅助线功能直接取景。

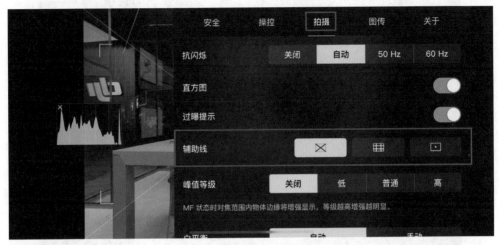

图4.27　辅助线功能

　　"X型"辅助线是沿着画面斜对角划出的线条，两条斜线的交点就是画面的中心点。

图4.28　"X型"辅助线

　　"九宫格"辅助线是根据黄金分割点的原理进行划线的，每两根线条之间的交叉点称为黄金分割点，取景时可以把主体放在任意一个黄金分割点上。

图4.29 "九宫格"辅助线

"十字靶心"辅助线是在画面的正中心位置标注了一个十字线，适合拍摄主体位于画面中心的画面。

图4.30 "十字靶心"辅助线

多种辅助线还可以同时打开使用。

图4.31 同时使用多种辅助线

设置照片和视频的格式

使用无人机拍摄照片或视频之前，设置好照片的尺寸和格式以及视频的参数很重要。不同的照片尺寸与格式和不同的视频参数适合不同的使用途径。下面分别介绍无人机拍摄照片和视频的设置方法。

4.6.1　设置照片的尺寸与格式

在"DJI FLY"App的系统设置界面中选择"拍摄"，可以看到照片格式有JPEG、RAW、JPEG+RAW三个选项可供选择。JPEG格式是常见的照片格式，具有占储存空间小、兼容性强的优点，方便查看预览，缺点则是画质有压缩，无法达到最大程度的还原。RAW格式是无损画质格式，优点是画质优秀，后期空间大，缺点是占储存空间大，兼容性差，不方便预览。JPEG+RAW格式的存储模式很好的解决了上述的所有问题，两种照片格式同时储存，用户可根据需要选择相应的照片格式。

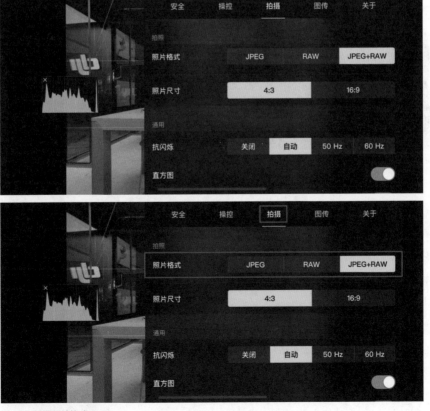

图4.32　设置照片格式

照片尺寸有4:3和16:9两种选项，两者均是常见的照片尺寸，用户可根据需要自行选择。

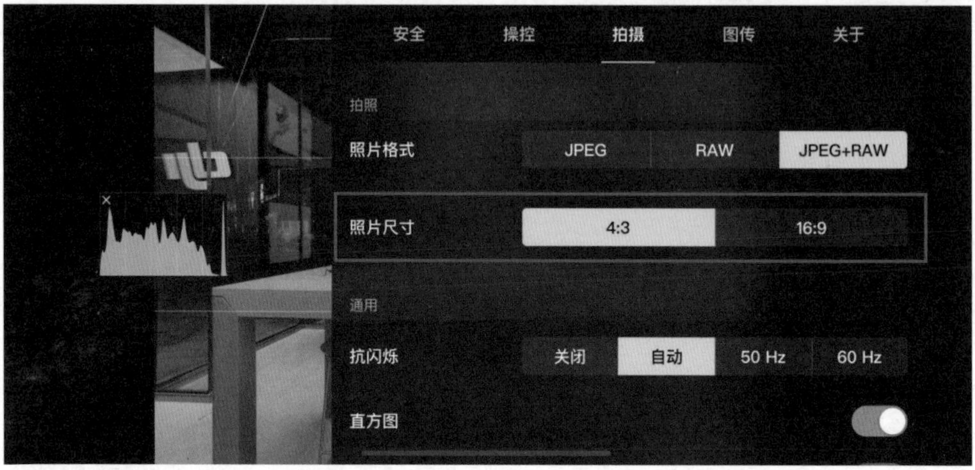

图4.33 设置照片尺寸

图4.34 4:3的照片画面

图4.35 16:9的照片画面

4.6.2 设置视频的色彩、格式与码率

航拍视频之前，我们可以对视频的色彩、编码格式、视频格式和视频码率进行设置。

在"DJI FLY"App的系统设置界面中选择"拍摄"，可以看到普通、D-Log、HLG三种色彩选项，它们之间最主要的区别在于宽容度的大小，HLG的宽容度最大，D-Log其次，普通模式最差。HLG模式就是我们俗称的"灰度拍摄"，因为饱和度和对比度低，加之宽容度高，是最适合后期调整的视频格式，但拍摄出来的画面显得灰蒙蒙的，不建议新手使用，很容易拍出废片。普通模式具有高对比的特性，色彩还原真实，拍出来的视频稍作改动即可直接使用，甚至可以原片直出，其效果类似于套用了滤镜模板，适合刚入门航拍的用户选择。D-Log属于折中模式，其暗部细节比普通模式更好，亮部具有更多的层次感，色彩比HLG模式更加艳丽。

　　无人机的视频编码格式有两种，分别是H.264和H.265。H.265是H.264的升级版，属于更新的版本，涉及的信息较为有指向性，这里不做过多解读。在选择编码格式时，推荐选择H.265。

　　视频格式有MP4和MOV两个选项。MP4格式的兼容性更强大，适用于多种载体播放。MOV格式更适合苹果用户使用，你可以根据自身需求进行选择。

　　视频码率可以选择CBR或VBR。CBR属于静态码率，VBR属于动态码率，整体来说VBR更适合我们使用，建议选择VBR模式。

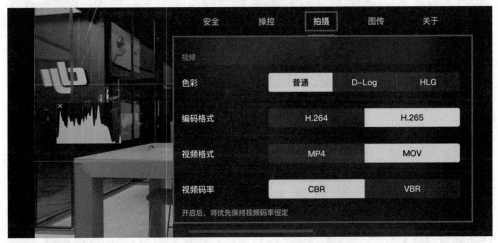

图4.36 设置视频参数

拍照模式的选择

　　随着无人机自动化性能的提升和消费群体的需求导向转变，许多无人机公司在研发航拍无人机的时候会设定一些常规的飞行动作和全新的拍摄模式，来达到原本只能通过复杂的手动操作才能实现的画面效果。除了常用的单拍模式外，还可以选择探索模式、ABE连拍模式、连拍模式等，给枯燥的航拍飞行增添了很多乐趣。下面就来详细介绍一下大疆无人机的几种拍摄模式。

　　在"DJI FLY"App的飞行界面中，点击右侧的"▢"图标，选择"拍照"，可以切换五种不同的拍照模式，包括单拍模式、探索模式、AEB连拍、连拍模式和定时模式。

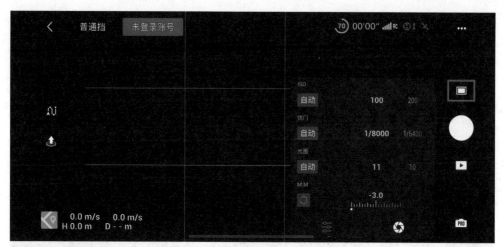

图4.37 点击"▣"图标

图4.38 选择"拍照",可以切换不同的拍照模式

4.7.1 单拍模式

单拍模式很容易理解,调整好构图及相机的参数之后,点击快门开始拍摄,相机就会拍摄一张照片。

4.7.2 探索模式

探索模式最大可支持镜头28倍变焦。以前的无人机款式大多数都是定焦镜头,焦距是不可变的,变焦镜头的引入激发了航拍爱好者们更多的航拍思路,让用户创造出了很多更具艺术性的作品。

图4.39 探索模式

4.7.3　AEB连拍

　　AEB连拍又称包围曝光模式，适用于拍摄光线复杂的场景，如音乐节、城市灯光秀、大型庆典活动现场等，这些场景通常有复杂的舞美灯光设计。

　　在AEB连拍模式下，按下快门后无人机会自动拍摄三张等差曝光量的照片（曝光不足、正常曝光、曝光过度），这三张照片分别完整保存了被摄物体的亮部、中间部分以及暗部的画面细节，并从中挑选多个曝光合适的部分进行合成，最终得到一张明暗适中的照片画面。

图4.40 AEB连拍

4.7.4　连拍模式

　　使用连拍模式可以选择连拍照片的数量，例如1张、3张、5张、7张等。适合在风速较大时或者夜间拍摄时使用，能有效提高出片率。

图4.41　连拍模式

4.7.5　定时模式

　　使用定时模式可以设定无人机的拍摄倒计时时间，可设置为5秒、7秒、10秒等。

图4.42　定时模式

4.8 录像模式的选择

在 "DJI FLY" App的飞行界面中，点击 "▣" 图标，选择 "录像" ，可以切换三种不同的录像模式，分别是普通、探索和慢动作。

图4.43 点击 "▣" 图标

图4.44 录像模式选择界面

4.9 大师镜头

　　使用大师镜头功能，无人机会提醒你框选需要拍摄的目标，一般是以人物或某个固定物作为被摄对象。选定目标后，系统会提示你"预计拍摄时长2分钟"，无人机会根据机内预设自动飞行，执行包括渐远模式、远景环绕、抬头前飞、近景环绕、中景环绕、冲天、扣拍前飞、扣拍旋转、平拍下降、扣拍下降在内的十个飞行动作，最后自动返航至起降点。

图4.45 大师镜头功能

　　使用大师镜头功能拍摄时，要选择开阔空旷的场地，避免飞机在自动飞行中碰到障碍物。一切准备就绪后，点击"Start"按钮，就可以拍摄一段完整的航拍大片了。

4.10 一键短片

　　一键短片功能和大师镜头一样，都是大疆进行了算法升级后的产物。选择此功能后，无人机也会根据系统预设的飞行轨迹自动飞行并拍摄素材，然后将视频素材剪辑成片，十分适合不会剪辑的新手和懒人使用。

　　一键短片的部分功能与大师镜头功能有所重叠。大师镜头功能是按照预设进行拍摄素材的自动拼接整合，而一键短片功能则是把各个飞行动作拆分成了多个小动作，包括渐远模式、冲天模式、环绕模式和螺旋模式这四种模式，每个小动作都会有短则几秒长则几十秒的飞行，但都是只执行单个动作。你可以根据拍摄场景和需求构思执行自己想要的飞行动作，从而拍出令自己满意的短片作品。下面分别介绍一下这四种模式的不同之处。

4.10.1　渐远模式

在渐远模式下，无人机会面朝你选择的被摄目标，一边后退一边上升。

图4.46　渐远模式

你可以手动框选画面中的拍摄目标，目标处会出现一个绿色方框。屏幕下方可以选择飞行距离，无人机会围绕拍摄目标执行飞行动作。

图4.47　手动选择拍摄目标，设置飞行距离

设置完成后，点击"Start"按钮即可开始执行渐远模式。飞行前仍需注意飞行路径中是否存在障碍物，避免危险发生。

4.10.2 冲天模式

在冲天模式下，无人机会俯视拍摄目标并快速上升。

图4.48 冲天模式

同样的，依旧是先框选目标，选定目标后在屏幕下方调整飞行高度。

图4.49 手动选择拍摄目标，调整飞行高度

接下来检查无人机上空有没有障碍物，确认无误后，点击"Start"按钮，开始执行冲天模式飞行。

4.10.3　环绕模式

在环绕模式下，无人机会保持当前高度，环绕目标一圈飞行。使用环绕模式可以自行调节云台俯仰角度，以拍摄出符合你需要的画面效果。

图4.50　环绕模式

4.10.4　螺旋模式

在螺旋模式下，无人机会螺旋爬升高度，上升后会后退并环绕目标一圈。

图4.51　螺旋模式

执行螺旋模式的时候可以设置旋转的最大半径，一定要在确保无人机安全的情况下进行合理的设置。

图4.52 设置最大半径

CHAPTER 5

第5章
无人机飞行练习与实战

本章将介绍无人机首飞的全流程操作，并通过非常具体的知识点，帮助用户掌握无人机飞行的全方位技巧。

5.1 达成安全首飞的操作

5.1.1 正确安装遥控器的摇杆

在起飞之前，首先要准备好遥控器。下面笔者以大疆 Mavic 3配备的新款遥控器RC-N1和大疆 Mavic 3 Cine配备的带屏遥控器 RC Pro进行步骤讲解。

图5.1 大疆 RC-N1遥控器与 RC Pro遥控器

❶ 取出位于摇杆收纳槽的摇杆，安装至遥控器。

❷ 拉伸移动设备支架，并取出遥控器连接线手机端口（默认安装Lightning接口遥控器转接线，可根据移动设备接口类型更换相应的Micro USB接口、USB-C接口遥控器转接线）。

❸ 将移动设备放置于支架后，将遥控器连接线插入移动设备。确保移动设备嵌入凹槽内，放置稳固，操作如下图所示。

图5.2 RC-N1遥控器准备示意图

❹ 使用标配充电器，连接 RC Pro遥控器USB-C接口充电以唤醒电池，操作如下图所示。

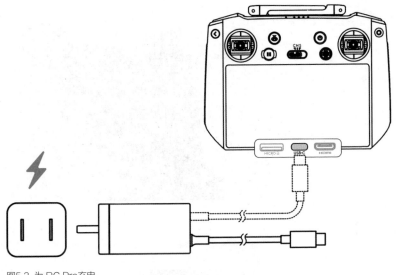

图5.3　为 RC Pro充电

❺ 取出位于摇杆收纳槽的摇杆，安装至遥控器，并展开天线，操作如下图所示。

❻ 全新的遥控器需要激活才能使用。短按一次，再长按电源按键开启遥控器，根据屏幕提示激活遥控器。

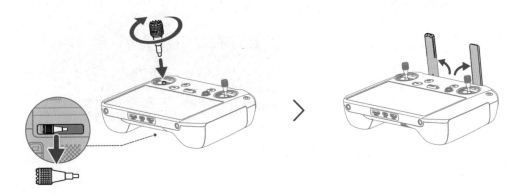

图5.4　RC Pro遥控器准备示意图

5.1.2 准备好飞行器

下面笔者以大疆 Mavic 3为例，讲解如何准备好飞行器。

❶ 打开卡扣并移除收纳保护罩。

图5.5 打开卡扣

图5.6 向前移除保护罩

❷ 首次使用需给智能飞行电池充电以唤醒电池。使用标配充电器，连接飞行器 USB-C 接口充电。开始充电即可唤醒电池，完全充满约需1小时36分。

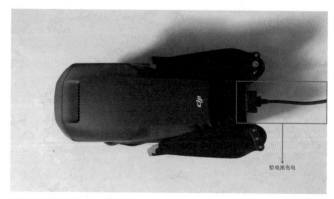

图5.7 给智能飞行电池充电

❸ 展开飞行器。首先展开前机臂，然后再展开后机臂。

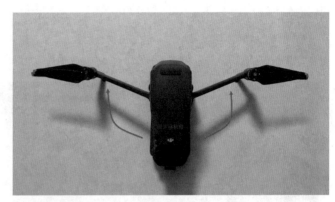

图5.8 展开前机臂

图5.9 展开后机臂

图5.10 展开准备完成

5.1.3 学会自动起降的操作

使用无人机"自动起飞"功能可以很方便地一键起飞无人机，对于新手来说是很友好的设计。下面笔者以"DJI GO 4" App为例，讲解无人机自动起飞的操作步骤。

❶ 将无人机放在平坦的地面上，依次开启遥控器、"DJI GO 4" App与无人机的电源，当图传左上角显示"起飞准备完毕（GPS）"的信息后，点击左侧的"自动起飞"按钮。

图5.11 点击"自动起飞"按钮

❷ 执行上述操作后，会弹出黄色提示框，根据提示向右滑动起飞。

图5.12 向右滑动起飞

❸ 此时飞行器开始自动起飞，当飞行器飞行至1.2米高度时会悬停等待指令。这时需要用户向上轻推左摇杆（以美国手为例），继续控制无人机上升。当状态栏中显示"飞行中（GPS）"的提示信息时，说明飞行状态安全。

图5.13　飞行状态正常

使用无人机"自动降落"功能可以更加便捷地降落无人机，十分适合新手操作。但要注意的是，一旦开启自动降落功能，请确认飞行器下方无遮挡无障碍物，因为使用自动降落功能后，无人机的避障功能会关闭，无法识别障碍物。下面笔者以"DJI GO 4"App为例，讲解无人机自动降落的操作步骤。

❶ 当用户需要降落无人机时，点击屏幕左侧的"自动降落"按钮，即可自动降落。

图5.14　点击"自动降落"按钮

❷ 执行上述操作后，会弹出提示框询问用户是否要自动降落，此时点击"确认"按钮。

❸ 此时无人机将自动降落。图传中会在左上角显示"飞行器正在降落，视觉避障关闭"的字样，用户需要保证飞行器下方没有人也没有障碍物。当无人机降落在平坦的地面上，即自动降落完成。

图5.15 无人机自动降落

5.1.4 学会手动起降的操作

接下来讲解手动起飞与降落无人机的操作。准备好无人机与遥控器后，打开"DJI GO 4"App，进入飞行界面。按照指示校正指南针后，屏幕右上角会出现"起飞准备完毕（GPS）"的字样。此时飞行器已准备好起飞。

图5.16 提示"起飞准备完毕（GPS）"

当准备完毕后，用户就可以通过执行掰杆动作启动电机。将两个摇杆同时向内侧掰动，如下方左图所示，即可启动电机，此时螺旋桨开始旋转。电机起转后，马上松开摇杆。将左摇杆缓慢向上推动，如下方右图所示，无人机即可成功起飞。

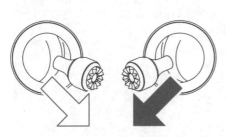

图5.17　两个摇杆同时向内侧掰动

图5.18　左摇杆缓慢向上推动

当飞行结束后，要降低无人机的高度时，可以将左摇杆缓慢向下推，无人机即可缓慢降落。当无人机降落至地面后，用户有两种方法使电机停转。方法一：飞行器着地之后，将油门杆推到最低的位置并保持，3秒后电机停止。方法二：飞行器着地之后，先将油门杆推到最低位置❶，然后执行掰杆动作❷，电机将立即停止。停止后松开摇杆，无人机即可完成降落过程，如下图所示。

图5.19　两种停止电机的操作方法

5.1.5　紧急制动与一键返航

在飞行的过程中，如果我们遇到了意外情况（比如前方有障碍物），就需要紧急刹车来避险。这时用户只需要按下遥控器上的"急停"按钮■。按下按钮后，无人机会立刻刹车并悬停不动，等飞行环境安全后方可继续操作。

图5.20　按下"急停"按钮

　　按下"急停"按钮后，飞行界面的左上角会显示"已紧急刹车，请将摇杆回中后再打杆飞行"的提示。用户需要注意这点，以免飞行方向发生偏差导致侧翻炸机。

图5.21 急停提示

　　要结束无人机的拍摄时，可以使用"自动返航"功能来让无人机自动返航。在某些特殊情况下（如图传信号不稳定或中断），利用此功能可以让无人机安全返回。需要注意的是，用户需要先更新返航点再使用"自动返航"功能，以防止无人机飞往其他地方。

　　在飞行界面中，点击左侧的"自动返航"按钮，执行操作后，屏幕中会弹出"滑动返航"的提示，此时向右滑动就可开启自动返航模式。自动返航模式开启后，屏幕上会提醒用户正在自动返航，稍后无人机便可完成自动返航任务。

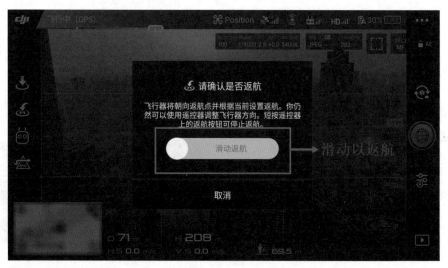

图5.22 "滑动返航"提示

5.2　训练无人机基础飞行动作

5.2.1　上升、悬停与下降

上升、悬停与下降是学习无人机操作的第一步，只有掌握了这3个最基础的飞行动作，才能进一步提高飞行技术。笔者建议用户先通过简单的基础训练熟悉操作手感。

升起无人机后，轻轻推动左侧摇杆，无人机将进行上升动作。当无人机上升到一定高度时就可以松开摇杆，使其自动回正稳定。这时无人机的飞行高度、角度都不会发生变化，处于悬停状态。此时如果有美景出现，可以按下遥控器上的拍照按钮，记录下这一时刻。

图5.23　无人机上升

在无人机的上升过程中，新手一定要切记不要让无人机离开自己的视线范围，且最大飞行高度不超过125米。当无人机飞至高空时，开始训练下降无人机。将左侧的摇杆缓慢向下推，无人机开始下降动作。下降时要保证速度稳定，否则可能出现重心不稳偏移等问题。

图5.24　无人机下降

5.2.2　左移右移

　　左移右移是无人机飞行最简单的手法之一。将无人机上升到一定高度之后，调整好镜头视角，向左或向右轻推右侧摇杆，即可完成左移与右移的操作。在此过程中，用户可以按下视频录制按钮，此时拍摄出来的镜头叫作侧飞镜头，在后面镜头的章节中会详细介绍。

图5.25　左移与右移飞行

5.2.3　直线飞行

　　直线飞行也是无人机飞行操作中最为基础的一种。将无人机上升到一定高度之后，调整好镜头的视角，然后向上轻推右侧摇杆，即可完成无人机的前进飞行操作。

　　如果用户想拍摄慢慢后退的镜头，可以让无人机缓慢地向后退行。此时会有连续不断的全景展现在观众眼前。后退的操作很简单，用户只需要向下轻推右摇杆，无人机即可完成后退飞行的动作。

图5.26　前进与倒退飞行

5.2.4　环绕飞行

　　环绕飞行就是无人机沿一个指定热点环绕飞行，高度、速度、半径在环绕时不变。此过程可以最大限度地展现主体，形成360°的观景效果，十分震撼。

　　下面介绍无人机手动环绕飞行的操作方法。首先要将无人机升至一定的高度，相机镜头朝向被绕主体，平视拍摄对象。然后右手向左轻推右摇杆，无人机将向左侧侧飞，同时左手向右轻推左摇杆，使无人机向右旋转，两手此时同时向内侧打杆。无人机将围绕目标做顺时针环绕动作。如果想让无人机做逆时针环绕的话，只需要两手同时向外侧轻轻打杆即可。

图5.27 环绕飞行

5.2.5　旋转飞行

旋转飞行也称作原地转圈或360°旋转，指的是无人机飞到高空后，可以进行360°的自转，此时利用俯拍镜头可以拍摄旋转的"上帝视角"视频。旋转无人机的方法其实很简单，如果用户想要无人机逆时针自转，只需要向左轻推左摇杆；如果想要无人机顺时针自转，只需要向右轻推左摇杆。

图5.28 逆时针旋转飞行

5.2.6　穿越飞行

穿越飞行的难度是非常高的，笔者建议新手不要轻易尝试，如果对自己的技术有充足的把握才可以学习。许多无人机高手也会在穿越飞行的过程中不幸炸机，这是很常见的，因为在穿越过程中视线会受到一定程度的影响，且飞行速度很快，来不及反应就会撞墙。但穿越飞行拍出来会有非常惊喜的效果，例如穿越一个洞穴的过程，当冲出洞口就会有一种豁然开朗的感觉，让观众眼前一亮。

下页上图为无人机穿越一个洞穴的路线图，当无人机穿越洞口后再向上飞行就会展现出完整的海岸线景象，视觉冲击力很强。同时撞到墙壁的概率也很大。因此穿越飞行是一种高风险高回报的手法。

图5.29 穿越洞穴飞行

5.2.7 螺旋上升飞行

螺旋上升飞行是我们前面讲的旋转飞行的升级版，也就是在原地转圈的基础上加上上升的动作，二者结合起来就是螺旋上升动作。这样拍摄，目标主体会越来越小，更好地交代拍摄的背景与环境，画面的空间感很强。具体操作方法为：云台朝下，左手向上轻推左摇杆的同时，右手缓慢向左或向右推动右摇杆，组合打杆。此时无人机将执行螺旋上升的操作，如右图所示。

图5.30 螺旋上升飞行

5.2.8 画8字飞行

画8字飞行是我们前面讲过的手动环绕飞行的加强版本，也是飞行手法中难度比较高的一种。建议用户要在前面的基础飞行动作练熟之后再来尝试，因为画8字飞行需要用户对于摇杆的使用很熟练，需要左右手的完美配合才能达成。左摇杆需要控制无人机的航向，右摇杆需要控制无人机的飞行方向。

首先需要顺时针画一个圆圈，具体手法为：右手向左轻推右摇杆，无人机将向左侧侧飞，同时左手向右轻推左摇杆，使无人机向右旋转，两手此时同时向内侧打杆，此时无人机将顺时针做画圈运

动。顺时针画圈完成后，马上
转换方向，通过向左或向右控
制左摇杆，以逆时针的方向飞
另一个圆圈，即可完成一个完
美的画8字飞行轨迹。此飞行
动作需要用户反复多次练习才
能做好，做好此动作也侧面说
明了用户对于摇杆的使用已是
如鱼得水，可以顺畅地飞行无
人机了。

图5.31 画8字飞行轨迹

5.3 掌握无人机智能飞行模式

　　前面我们学习了无人机的基础飞行动作，为接下来拍摄部分的学习打下了坚实基础。本节笔者
将教学如何利用App自带的多种智能飞行模式来进行更高效地拍摄。

5.3.1 一键短片模式

　　"一键短片"模式中包含了多种不同的创意拍摄方式，分别为渐远、环绕、螺旋、冲天、彗
星、小行星及滑动变焦等。选择这些模式后，无人机会持续拍摄特定时长的视频，然后自动生成一
个10秒以内的短视频。在使用一键短片功能时，必须确保无人机后方空旷无障碍物，否则一键短片

就会变成"一键炸机"。如果
遇到紧急情况，可以随时终止
拍摄。下面介绍使用"一键短
片"模式的操作方法。

❶ 在 "DJI GO 4" App的
飞行界面中，点击左侧的"智
能飞行模式"按钮 ，然后在
弹出的界面中点击"一键短
片"按钮。

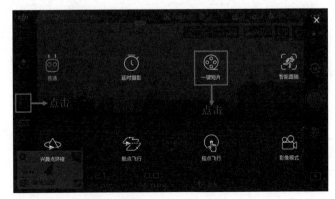

图5.32 点击"一键短片"按钮

❷ 进入"一键短片"飞行模式，在下方有多种飞行模式可供选择，如下图所示。

图5.33 选择一种飞行模式

下面对"一键短片"中的6种模式进行简要介绍。

渐远：选择该模式后，框选目标对象，无人机将面朝目标，一边后退一边上升拍摄。

环绕：选择该模式后，无人机将围绕目标对象进行360°绕圈飞行拍摄。

螺旋：选择该模式后，无人机将围绕目标对象螺旋上升拍摄。

冲天：选择该模式后，框选目标对象，无人机将垂直90°俯视目标对象，然后上升拍摄。

彗星：选择该模式后，无人机将以椭圆轨迹飞行，绕到目标对象的后面并飞回起点拍摄。

小行星：选择该模式后，无人机将完成一个从全景到局部的漫游小视频。

5.3.2 冲天飞行模式

下面笔者将以"一键短片"中的"冲天"飞行模式为例，讲解使用步骤。

❶ 进入"一键短片"飞行模式，在下方点击"冲天"按钮。此时屏幕中会弹出提示框，提示用户"冲天"拍摄模式的飞行效果，点击"好的"按钮。

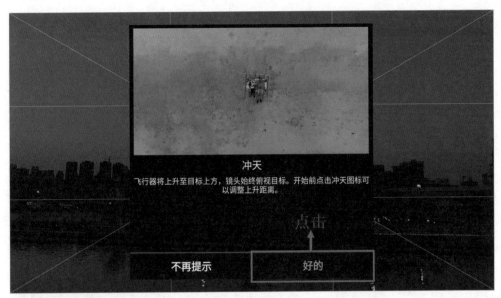

图5.34　"冲天"模式介绍

❷ 此时界面中会提示"点击或框选目标"的信息，在飞行界面中用手指拖拽出一个方框，标记目标对象。

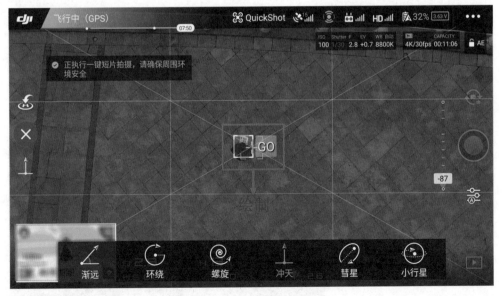

图5.35　绘制选框

❸ 绘制完成后，点击"GO"按钮，即可开始倒计时录制短片。拍摄完成后，无人机将返回拍摄起始位置。点击"回放"按钮，可以查看录制的一键短片成片。

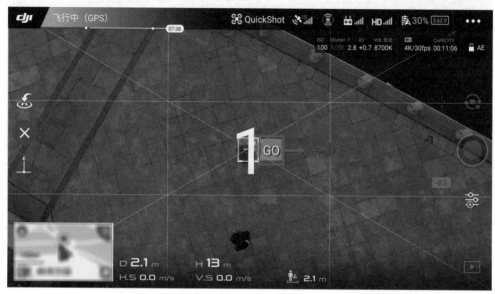

图5.36 点击"GO"开始录制

5.3.3 智能跟随模式

智能跟随是基于图像的智能跟随，对人、车、船等有识别功能，无人机飞行跟随不同类型物体时将采用不同的跟随策略。进入智能跟随功能后，框选点击目标，无人机将通过云台相机跟踪目标，与目标保持一定距离并跟随飞行。大疆Mavic 2的智能跟随有如下特点：精准识别、轨迹预测、高速跟随、智能绕行。使用智能跟随功能时，要与跟随对象保持安全距离，防止无人机失控造成人身伤害。下面介绍使用智能跟随模式的操作方法。

❶ 在"DJI GO 4"App的飞行界面中，点击左侧的"智能飞行模式"按钮，然后在弹出的界面中点击"智能跟随"按钮。

图5.37 点击"智能跟随"按钮

❷ 进入智能跟随模式，在屏幕中通过点击或框选的方式设定跟随目标对象。

图5.38　点击或框选目标对象

❸ 此时飞行界面中即可锁定目标对象，并显示绿色的锁定框。当拍摄对象向前走时，无人机将跟随人物智能飞行，在跟随的过程中，用户按下视频录制键，即可开始录制短视频。点击左侧的"取消"按钮✕，即可退出智能跟随模式。

图5.39　无人机将跟随对象智能飞行

5.3.4 指点飞行模式

指点飞行包含三种飞行模式，分别为正向指点、反向指点和自由朝向指点，用户可根据需求来选择。下面介绍使用指点飞行模式的操作方法。

❶ 在"DJI GO 4"App的飞行界面中，点击左侧的"智能飞行模式"按钮，然后在弹出的界面中点击"指点飞行"按钮。

此时屏幕中会弹出提示框，提示用户"指点飞行"拍摄模式的效果，点击"好的"按钮。

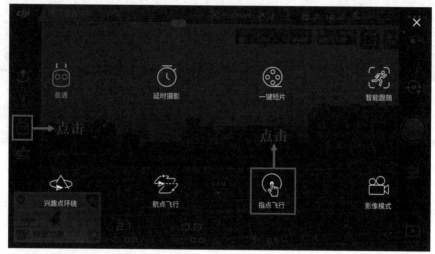

图5.40 点击"指点飞行"按钮

图5.41 "指点飞行"模式介绍

❷ 选择相应的"指点飞行"模式后，点击屏幕中的"GO"按钮，即可进行指点飞行。

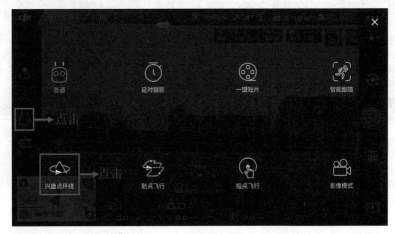

图5.42 点击"GO"按钮

5.3.5　兴趣点环绕模式

兴趣点环绕模式在飞行圈里被戏称为"刷锅"，因视频拍摄过程酷似刷锅的动作而得名。此模式指的是无人机围绕用户设置的兴趣点进行360°的旋转拍摄。下面介绍使用兴趣点环绕模式的操作方法。

❶ 在"DJI GO 4"App的飞行界面中，点击左侧的"智能飞行模式"按钮，然后在弹出的界面中点击"兴趣点环绕"按钮。

图5.43 点击"兴趣点环绕"按钮

❷ 进入"兴趣点环绕"模式，如下图所示。

图5.44 "兴趣点环绕"界面

❸ 在飞行界面中，用手指拖拽出一个方框，设定为兴趣点对象。点击"GO"按钮，无人机将开始对目标位置进行测算。

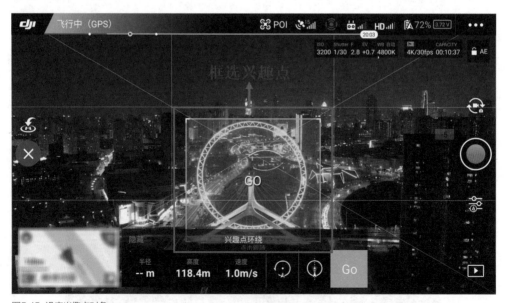

图5.45 设定兴趣点对象

❹ 如果测算成功，无人机会开始环绕兴趣点飞行。飞行过程中，用户可以控制云台俯仰角度来构图，还可以调节环绕飞行半径、高度和速度等参数。

图5.46 无人机环绕兴趣点飞行

5.3.6　影像模式

使用"影像模式"航拍视频时，无人机将缓慢减速飞行直至停止，延长了无人机的刹车距离，也限制了无人机的飞行速度，使用户可以拍出更加稳定、流畅的画面，十分推荐新手使用。下面介绍"影像模式"的操作方法。

❶ 在"DJI GO 4"App的飞行界面中，点击左侧的"智能飞行模式"按钮，然后在弹出的界面中点击"影像模式"按钮。

图5.47 点击"影像模式"按钮

此时屏幕中会弹出提示框，提示用户"影像模式"拍摄的效果，点击"确认"按钮。

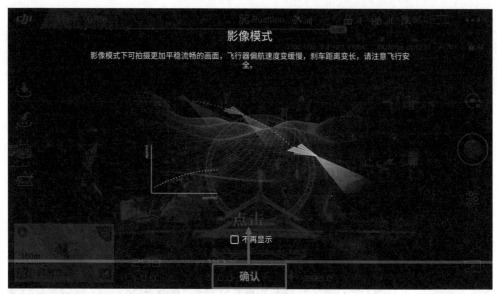

图5.48 "影像模式"介绍

❷ 进入影像模式后，无人机将进行缓慢的飞行，用户可以通过拨动摇杆来控制无人机的飞行方向。

图5.49 "影像模式"界面

❸ 如果用户想要退出影像模式，只需点击屏幕右侧的"取消"按钮█，随后会弹出提示框，询问用户是否退出该模式，点击"确认"按钮，即可退出。

图5.50 询问用户是否退出影像模式

CHAPTER **6**

第**6**章
无人机摄影构图与
实战

本章将介绍无人机航拍的常用构图技巧，以及面对不同题材时的构图实战

技巧。最后还将介绍夜景环境的实拍技巧。

6.1　构图取景技巧

　　"构图"就是摄影者为了表现摄影作品的主题和艺术效果，通过调整拍摄角度、相机横竖方位、拍照姿势等因素，安排和处理所拍摄画面中各元素的关系和位置，使画面中的元素组成结构合理的整体，并表达出画面的艺术气息。

　　相同的拍摄对象，由于摄影者有不同的摄影角度、创作手法，会采用不同的构图方法，拍出来的作品也就会有不同的视觉效果。这个过程需要摄影师结合技术手段与自己的审美来实现，具体来说就是要把场景中的主要对象，如人物、动物、事件冲突等提炼出来重点表现；而将另外一些起干扰作用的线条、图案、形状等进行弱化，最终获得一种重点突出、主题鲜明的画面布局和显示效果。本节将讲解多种构图手法，让无人机用户能够轻松拍出大片。

6.1.1　主体构图

　　主体是构图中最重要的部分，也是一张摄影作品的灵魂。

　　摄影创作时，我们要通过各种手段来突出和强化主体，提升主体的表现力。这样摄影作品才会显得有秩序感，有明显的中心，否则画面就会显得散乱，不够紧凑。在摄影创作中，对于主体的强化和突出有多种手段，如放大主体的比例、改变主体的位置、将其安置在更醒目的区域。我们还可以通过寻找简洁、干净的背景来让主体得到突出和强化，下面我们通过几个具体的案例来介绍主体构图的技巧。

● **直接突出主体的构图手法**

　　在图6.1中，主体是中间的风蚀山体结构，画面的构图并没有特别巧妙之处，但对于主体的强化，采取的是一种突出放大的方式来呈现，尽量靠近，将主体拍得比较大，占据更多的画面比例，那么主体自然是比较突出的。

　　这张照片拍摄于冰沟丹霞景区，位于甘肃省张掖市肃南县，广泛分布着崖壁、石墙、石柱、尖峰等奇特地貌形态，是"窗棂状宫殿式丹霞地貌"命名地。山顶的独特地貌如同千年前裕固族的王宫，在朝阳下熠熠生辉，十分漂亮。

图6.1 直接突出主体的构图手法

● 通过陪体衬托主体的构图手法

陪体是相对于主体而言的，也称为宾体。从字面意思来看，它主要起到一个陪衬的作用，用于陪衬主体。除陪衬主体外，陪体还可以与主体产生一种内在的联系，通过这种联系和照应，让画面显得更具趣味性和故事性，画面就会更加耐看。对于绝大多数题材来说，在动物、植物之间进行选择，一般动物是作为主体出现的；而有人物的场景，一般来说人物会作为主体出现，其他景物都是陪衬。

拍摄者应该注意这样一个常识，陪体的表现力不能强于主体，不能削弱主体的表现力，所谓"红花需要绿叶配"就是这个道理，红花是主体，绿叶是陪体，绿叶对主体起到一个照应和衬托的作用。

右图拍摄于北京箭扣长城，很明显蜿蜒的长城是最精彩的部分，而长城上覆盖的云雾则是陪体，这种陪体丰富了画面的内容层次，又与远处的城楼形成了呼应，同时增添了神秘感与雄伟气势，使整体画面非常和谐，这种陪体的选择就比较理想。

图6.2 通过陪体衬托主体的构图手法

6.1.2 前景构图

前景是指主体之前的部分，它并不是特指某一种景物，它可以是任何的景物或元素，前景对于画面的主体和陪体等有着很好的修饰和强化作用，并可以丰富照片的内容与层次。

● **利用引导线构图**

在很多场景中，都可以运用到引导线，利用场景线条引导观众的视线，将画面的主体和背景元素串联起来，从而引导视线并产生照片的视觉焦点。运用了这种构图法，即使是一张平面的照片，也会立马变得立体起来。

在取景时拍入一些天然的线条，比如一条小路、一条小河、一座桥等，或后期处理时人为强化一些线条，通过这些线条引导观众的视线指向照片中的主体。这些线条就是引导线。

右图拍摄于巴音布鲁克景区之外，在路边航飞拍摄。巴音布鲁克不只有九曲十八弯，还有更多可能等待着我们去发现。这张照片中河流就是主体的一部分，同时充当视觉引导的功能，让观者的视线汇聚在远处的夕阳。这种前景的作用非常明显，它可以引导观者的视线延伸到画面深处，让画面显得更深远。

图6.3 引导线构图手法

● 营造画面深度的前景构图手法

右图拍摄于九曲十八弯。九曲十八弯是巴音布鲁克的经典，2020年国庆假期期间，我偶然在景区之外发现了这样一个区域，在积雪不多、色彩也不够亮丽的雪山面前，蜿蜒的河道流淌成了一幅抽象的中国地图，十分应景。在这张照片中，蜿蜒的河流作为前景出现，这种夸大了的前景会让画面中的前景与远景产生一种距离感，这种距离感会让画面变得更有深度、更有立体感和空间感。从这个角度来看，前景的选择是很有学问的。

图6.4 营造画面深度的前景构图手法

6.1.3 三分构图

古希腊学者毕达哥拉斯发现，将一条线段分成两份，其中较短的线段与较长的线段之比为0.618:1，这个比例能够让这条线段看起来更加具有美感；并且，较长的线段与这两条线段的和的比值也为0.618:1，这是很奇妙的。而切割线段的点，也可以称为黄金构图点。在摄影领域，将重要景物放在黄金构图点上，景物自身会显得比较醒目和突出，且协调自然。

图6.5 沙丘和天空占了画面的上1/3

在实际的拍摄中，我们不可能在每个场景中都如此精确地寻找到金色螺旋线的中心位置，大多数情况下可以采用一种更为简单、直接的方式来进行构图：用线段将照片画面的长边和宽边分别进行三等分，线条的交点就会比较接近黄金螺旋线的中心位置，将主体置于三等分的交叉点上会有很好的效果。我们将这种方式称为三分构图。

● 横向三分线构图手法

右图是一张在沙地中航拍汽车的照片。如果把画面分割一下，可以看出来远处的沙丘和天空占了整个画面的1/3，而前景和中景的沙地占了画面的2/3，这样不仅让画面整体比例和谐，还体现了沙漠的荒凉与广阔，非常符合人的审美规律，也符合最基本的美学观点。

对于照片中大量的其他景物，我们也可以按照三分的方式进行构图和布局。比如说，我们将天际线放在三分线的位置，将天空与地面景物按照三分的方式安排，画面往往会有不错的视觉效果。因为所谓的三分，也是源自于黄金分割的延伸，分割出的画面效果也符合美学规律，让人看起来比较协调、自然。需要注意的只有一点，即三分线是放在画面的上1/3处还是下1/3处。

图6.6 横向三分线构图手法

右图是利用三分法拍摄的
稻田，具有极佳的视觉效果。
秋季的水稻在风中窃窃私语，
等待着丰收。

图6.7 横向三分线构图手法

● 纵向三分线构图手法

纵向三分线构图手法是指将主体或陪体放在画面中左侧或右侧1/3处，从而突出主体。右图拍摄于川西，山下的寺庙与雄伟壮观的山峰形成呼应，两个视觉重心分别位于画面右侧1/3处与左侧1/3处，二者相辅相成，画面和谐，符合人眼的审美。

图6.8 山体与寺庙分别占据左右1/3

图6.9 纵向三分线构图手法

6.1.4　对称构图

在中国传统文化中，无论是建筑还是装饰图案，使用最多的艺术形式就是对称，对称所产生的均衡感也是摄影中获得良好构图的重要原则。在对称构图中，视觉形象的各个组成部分是对称安排的：各部分可以沿中轴线划分为完全相等的两部分。我们可以认为对称构图是一种匀称的状态，这种构图使得由于不同视觉形象的对比而产生相互对抗的力处于视觉上的平衡。这种构图形式的基本特点是静止、典雅、严峻、平衡、稳重，是拍摄人物、建筑、图案等最为常用的手法。

下图拍摄于五印坛城，建筑本身就是完全对称结构，在无人机垂直90°俯拍的视角下，古建筑之美被展现得淋漓尽致。在中国传统建筑和园林设计中，这种对称设计的结构是最为常见的，搭配垂直俯视视角，可以让画面整体显得非常自然、均衡。

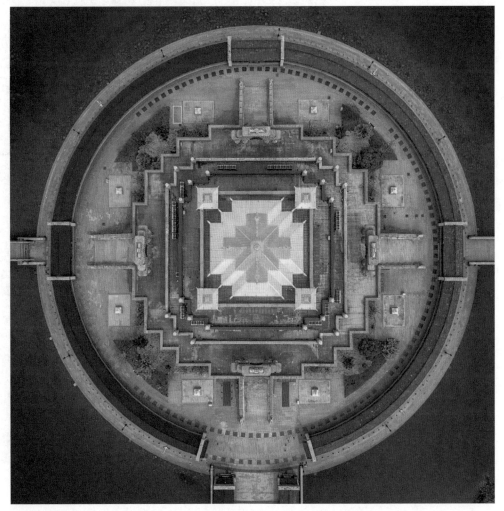

图6.10　对称构图手法

右图为无人机视角下的北京大兴机场，由于建筑本身采取了左右对称设计，采用对称式构图更能展现现代建筑之美。

图6.11 对称构图手法

6.1.5 对角线构图

　　对角线构图也是一种经典的构图方式。它通过明确连接画面对角的线形关系，打破了画面的平衡感，为画面提供活泼和运动之感，为画面带来强烈的视觉冲击力。在体育运动、新闻纪实等题材中比较常用，而在风景和建筑摄影中，它经常被用来表现一些风景的局部，如建筑的边缘、山峦的一侧斜坡，或河流的一段等。

　　下图是在吉林的一处森林上空航拍的照片。图中一条公路以对角线的形式分割了画面。画面整体处于一个斜对称状态，具有平衡美感，让观者看了很舒适。以对角线构图的方式来安排画面，能够为单调、平稳的主体带来一些活力和动感。

图6.12 对角线构图手法

下图是以对角线构图拍摄的稻田，画面简洁，色彩迷人，极具简约美感与线条美感。

图6.13　对角线构图手法

6.1.6 曲线构图

在摄影构图中，曲线是一种常见的构图方式。与直线相比，曲线可以表现出一种柔美的感觉，使得画面更有流动感。曲线是线条中最美的形式，风光摄影中常用曲线构图渲染优雅、富有生机的场景，不仅可以让观者的视线跟随它游走，以突出主体，同时曲线优美的形式还能带给画面灵动的感觉，使画面更加生动、美丽。在航拍的构图手法中，比较常用的是S形曲线构图与C形曲线构图。

● S形曲线构图手法

S形曲线构图是指画面主体类似于英文字母中"S"形状的构图方式。S形构图强调的是线条的力量，这种构图方式可以给欣赏者以优美、活力、延伸感和空间感等视觉体验。一般观者的视线会随着S形线条的延伸而移动，逐渐延展到画面边缘，并随着画面透视特性的变化使人产生一种空间广袤无限的感觉。由此可见，S形构图多见于广角镜头（无人机航拍）的运用中，此时拍摄视角较大，空间比较开阔，并且景物透视性能良好。风光类题材是S形构图使用最多的场景，海岸线、山中曲折小道等多用S形构图表现。

右图拍摄于新疆的巴音布鲁克景区，蜿蜒的河流以S形的姿态填充了整个画面，使画面看上去更具有韵律感。曲线具有延长、变化的特点，能很好地表现出被摄对象运动中循序渐进的节奏和奔放的态势，使观者看上去有优美、协调的感受。

图6.14 S形曲线构图手法

如右图所示，这张照片拍摄于冬季的某水库。在大自然的鬼斧神工下，冰的纹理构成了一道亮眼的S形分界线，与棱角分明的蓝冰形成了鲜明的对比。

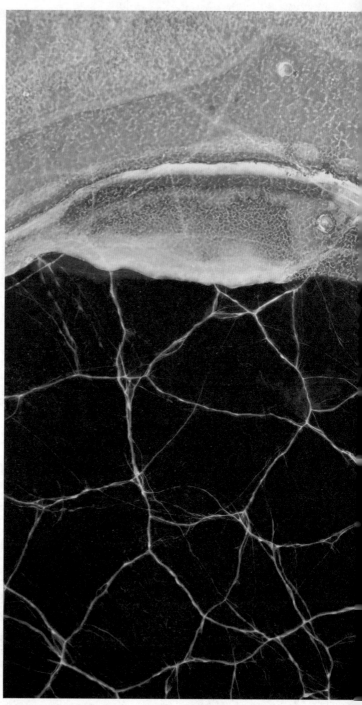

图6.15 S形曲线构图手法

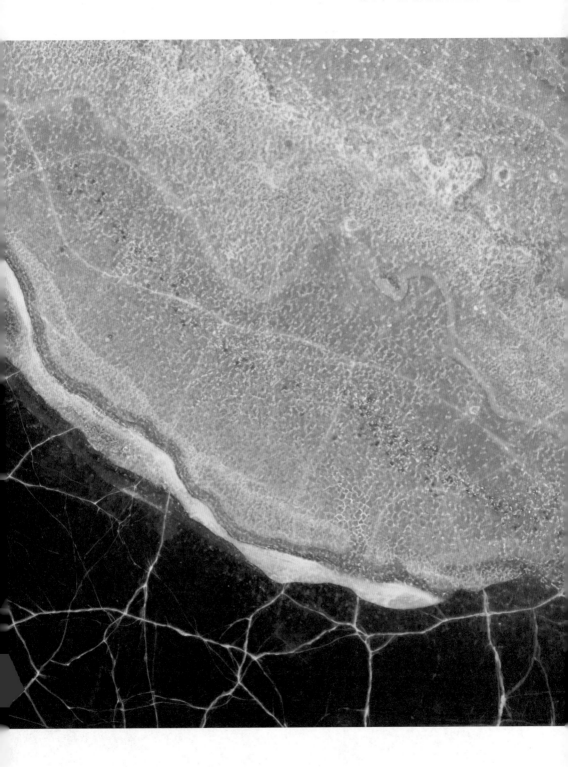

● C形曲线构图手法

　　C形曲线构图是指画面中主要的线条或景物分布，是沿着类似于英文字母"C"的形状进行分布。C形线条相对来说是比较简洁流畅的，有利于在构图时做减法，让照片更干净好看。C形构图非常适合拍摄一些海岸线或湖泊时使用。

图6.16　C形曲线构图手法

　　如下图所示，这张照片拍摄于上海黄浦江上空，画面展现了浦东与浦西繁华的城市风光。其中黄浦江就充当了C形曲线构图中的"C"，是一种非常柔美的构图，串联起了江面及两岸高低错落的建筑群。这种构图方式虽然常见，但却特别讨巧。

6.1.7 框架构图

框架构图是指在进行取景时，将画面的重点部位利用门框或是其他框景框划出来。关键在于引导观者的注意力到框景内的对象。这种构图方式的优点是可以使观者产生跨过门框即进入画面现场的视觉感受。

与明暗对比构图类似，使用框景构图时，要注意曝光程度的控制，因为很多时候边框的亮度往往要暗于框景内景物的亮度，并且明暗反差较大，这时就要注意框内景物的曝光过度与边框的曝光不足问题。通常的处理方式是着重表现框景内景物，使其曝光正常、自然，而框景会有一定程度的曝光不足，但保留少许细节起修饰和过渡作用。

右图这张夜景照片拍摄于天津之眼，笔者利用摩天轮作为框架包住后面的建筑群，这样就形成了经典的框式结构。同时也解锁了独特的视角，相较于传统构图更有新意，能让观者眼前一亮。

图6.17 框架构图手法

右图拍摄于客家土楼，利用了土楼的圆形屋顶结构充当框架。土楼内一位女子正在翩翩起舞，极具少数民族特色。

图6.18　框架构图手法

6.1.8 逆光构图

逆光是指光源位于被摄体的后方，照射方向正对相机镜头。逆光下的环境明暗反差与顺光完全相反，受光部位也就是亮部位于被摄主体的后方，镜头无法拍摄到，镜头所拍摄的画面是被摄主体背光的阴影部分，亮度较低。虽然镜头只能捕捉到被摄主体的阴影部分，但主体之外的背景部分却因为光线的照射而成为了亮部。逆光构图拍摄时，可以增强质感，渲染画面的整体氛围，而且还有很强的视觉冲击力。

右图是航拍的乌兰哈达火山，在逆光的条件下，整体画面呈现出一种史诗感，火山也变得非常有质感。光线完美勾勒出了火山的轮廓，并打亮了主体。

图6.19 逆光构图手法

日出日落是无人机航拍的黄金时段，在这段时间里，拍摄者很容易拍出光线迷人、色彩漂亮的大片。当太阳接近地平线时，色温会变得越来越高，整体呈现一种暖阳的橙色调，十分梦幻。

如右图所示，这张照片拍摄于日出之时的罗弗敦群岛。此时虽然是逆光拍摄，但空气中带有的雾气却很好地平衡了光比，让整体画面达到了一种完美的状态。

图6.20 逆光拍摄手法

6.1.9　横幅全景构图

　　所谓全景接片，就是将实际场景从左到右分解成若干段，每次只利用相机有限的画幅拍摄其中的一段。完成全部拍摄后，在后期制作中，再将各个部分天衣无缝地拼接在一起组合成照片。这样就取得了超大画幅的细致画面。特别适用于大场景、超宽幅放大图片的需要。

　　使用无人机拍摄全景的方法有两种。一是利用无人机本身自带的全景拍照模式直接自动拍摄，这种方式适合新手，可以很方便地机内合成。二是利用无人机进行多角度拍摄单张，在后期处理时利用Photoshop或PTGUI等软件进行合成，适用于大光比环境的拍摄。在拍摄全景接片时，要快且稳，如果拍摄间隔过长的话，照片中的静物可能会发生改变。下面介绍如何利用无人机自带的全景拍摄功能拍摄横幅全景图。

　　首先打开"DJI GO 4"App的拍照模式菜单，点击"全景"按钮，选择"180°"。

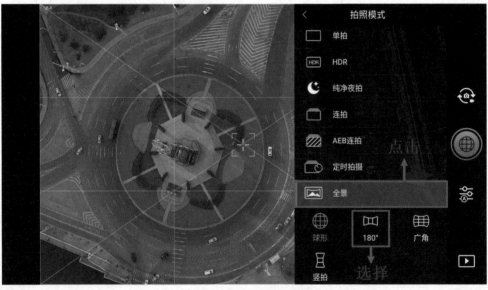

图6.21　选择全景模式中的"180°"

　　选择相应的模式后，点击"拍摄"按钮，无人机将会自动拍摄全景照片。拍摄完成后，无人机将自动拼接，合成为一张完整的全景图。

　　如下页上图所示，这是一张天津城市风光全景图，天空部分有些过曝，用户在拍摄大逆光场景时应该注意调整参数，尽量使用"向左曝光"的手法，这样后期处理起来才能保留高光部分的细节。

图6.22　横幅全景构图

　　此外我们还可以采用宽幅构图，这样拍出来的画面更加有冲击力，像一幅长卷。下图是笔者在敦煌拍摄日落时的两座熔盐光热电站，形似UFO降临，充满了科幻感。

图6.23　横幅全景宽幅构图

6.1.10 竖幅全景构图

无人机的竖拍全景实际是3张照片的拼接效果，是以地平线为中心线进行拍摄的。使用竖向全景模式，可以拍出一种从上而下的延伸感，并将画面上下部分联系起来，起到深化主题的作用。下面介绍如何利用无人机自带的竖向全景拍摄功能拍摄竖幅全景图。

首先打开"DJI GO 4" App的拍照模式菜单，点击"全景"按钮，选择"竖拍"。

图6.24 选择全景模式中的"竖拍"

选择相应的模式后，点击"拍摄"按钮，无人机将会自动拍摄全景照片。拍摄完成后，无人机将自动拼接，合成为一张完整的全景图。下页左图拍摄的是天津之眼的竖幅全景构图，画面效果很好，主体也很突出。

使用竖向全景拍摄建筑，可以以一种超强的视觉冲击力来展现构图，使建筑物有一种夸张的畸变，这也不失为一种创新的构图方式。

下页右图就是用竖向全景模式拍摄的一张南京紫峰大厦夜景照片，画面整体很有视觉冲击力，而且构图比例和谐，让人看着很舒服。

图6.25　竖幅全景构图

图6.26　竖幅全景构图

6.2　一般自然与城市风光实拍

6.2.1　航拍日出日落

　　日出日落是一天中最值得拍摄的时刻，因为此时太阳的高度很低，光线相对来说比较柔和。日出或日落时的光线是最富表现力的，因为光比小，可以让照片画面呈现更多的细节，还有丰富的影调层次，并且色彩也会呈现出丰富的色调。

　　日出或日落前后，太阳在地平线之下时，如果天空有云，但云又不会太厚，就会对太阳光线产生强烈的散射，从而形成强烈的霞光。暖调的霞光与任何地面景物搭配都会有浓郁的暖调色彩，让画面气氛变得非常热烈，此时用无人机飞到高空中拍摄壮美的火烧云，可以以高度优势获得相对于相机更震撼的视角。

　　在拍摄日出日落时请注意，一定要算好时间，春夏秋冬每个季节太阳日出与日落的时间都不同，缺乏经验的新手很有可能错过最佳的时机。要提前半小时到达拍摄地点然后准备好构图，做好起飞前的准备，等待太阳到达合适高度后拍摄即可。

　　如下图所示，这张照片拍摄于贡嘎峰群。日落之时，太阳光线会把山顶染成金黄色，产生震撼的"日照金山"效果。日照金山时间往往很短，拍摄者需要提前起飞无人机等待此景出现，如果等出现之后再起飞的话很有可能会错过，到时候追悔莫及。

图6.27　航拍日照金山

图6.28　航拍日落下的熔盐光热电站

上图是在敦煌拍摄的日落下的熔盐光热电站。此时太阳的高度比较低，无人机的感光元件相对于全画幅相机来说很小，柔和的光线并不会致使画面过曝，整幅照片会呈现出一种暖洋洋的洋红色调。

6.2.2 航拍高空云海

云海是自然景观，是山岳风景的重要景观之一。所谓云海，是指在一定的条件下形成的云层，并且云顶高度低于山顶高度，当人们在高山之巅俯瞰云层时，看到的是漫无边际的云，如临于大海之滨，洪波涌起，惊涛拍岸，故称这一现象为"云海"。

云海一直是摄影圈乃至飞行圈经久不衰的拍摄主题，因其飘渺的形态和富有诗意的美感称霸自然风光圈。用无人机拍摄云海的优势在于，拍摄者可以控制无人机飞到高于云顶的位置拍摄云海变幻的形态，而相机有时会因为机位高度过低而迷失在云雾中，看不见任何景物。

右图是在箭扣长城航拍的照片。冬季一场大雪过后，箭扣长城出现了罕见的日落云海。云海起伏翻腾，让人震撼到窒息。在这张照片中，远景的山体、林木都被升起的云雾彻底遮掩了，这样画面显得非常干净。这里的关键是，云雾遮掩了杂乱的对象，又对主题的强化起到了很好的烘托作用，这也是拍摄云海的一大优势。

图6.29 航拍长城云海

有时云海高度很低，几乎贴地形成，这就是云海的第二种形态——平流雾。平流雾是当暖湿空气平流到较冷的下垫面上，下部冷却而形成的雾。多发生在冬春时节，以北方沿海地区居多，能将城市中的建筑物"缠绕"其中，使身处地面的人们觉得如临仙境。

拍摄平流雾需要高视角，而爬楼爬山则要消耗很多时间，有时好不容易赶到机位却发现云海已经消失了，非常可惜。而利用无人机起飞在高空拍摄就成了一种极为快速的拍摄手段。

右图是在杭州西湖拍摄的雷峰塔平流雾，十分梦幻。远方的城市若隐若现，与近处的古建筑相呼应，有着虚实结合之美。

图6.30 航拍城市平流雾云海

6.2.3 航拍壮美山川

山脉应该是风光摄影中最为常见的拍摄对象，也是一种重要的航拍题材。如右上图所示，这是在新疆博格达航拍的山脉全景图，照片展现了博格达主峰巍峨的气势，宏伟壮观。

在高空俯拍山脉，可以拍到山脉沟壑的纹理，在光线的加持下，山体呈现出光影交织的美感，立体感、层次感凸显。如右下图所示，这张照片拍摄于贡嘎，主峰海拔7556米，是四川省的最高峰，也是横断山脉的最高峰，美誉为"蜀山之王"，山顶终年不化的皑皑积雪就像冰雪天梯般穿越厚厚的云层，横跨天堂与人间。

图6.31 航拍山脉全景

图6.32 航拍山脉沟壑的纹理

6.2.4　航拍城市风光

　　航拍城市风光相对于航拍自然风光来说，不确定因素更多，例如高楼、车流、人群等。在拍摄城市风光时，可以将高楼大厦列为拍摄主体，道路、河流、山脉等作为陪体。在城市中，飞到高空进行俯拍可以有更大的视角，容纳下更多的建筑群，表现出建筑的形态结构、灯光，并将街道的走向也拍摄下来，画面的表现力很强。采用横幅拍摄可以体现出建筑物高低错落之感。

　　下图拍摄于天津，采用了前面介绍的三分构图法，天空占据了画面的1/3，重心在下方的城市建筑群。同时利用了河流作为陪体衬托高低错落的大楼，展现出了现代城市之美感。

图6.33　航拍城市高楼

除了横幅拍摄比较适合表现城市风光外，还可以将无人机飞到建筑物的上空，以"上帝视角"进行俯拍，可以展现出城市规划之巧妙。另外注意在城市中起飞，一定先要在App中查看该区域是否为限飞区域或禁飞区域，以免造成不必要的麻烦。

图6.34　以"上帝视角"俯拍城市

6.2.5　航拍古镇古建

　　古镇与城市完全是两种不同的建筑风格，有特色的古建筑是很值得拍摄的。这些古建筑有着浓厚的历史气息，是中华上下五千年文化的缩影，拍摄这些古建筑可以对历史有更加深刻的了解。在构图时，拍摄者要留心观察，寻找值得拍摄的线条、图案、纹理等，经过组合排布，可能会收获意想不到的作品。

　　右图是在福建土楼航拍的照片。福建土楼产生于宋元，成熟于明末、清代和民国时期，现已被正式列入《世界遗产名录》。福建土楼是以土作墙而建造起来的集体建筑，呈圆形、方形等，各具特色。土楼形态不一，不但奇特，而且富有神秘感，坚实牢固。现存的土楼中以圆形的最引人注目，当地人称之为圆楼或圆寨。

图6.35　航拍福建土楼

航拍单独的古建筑时，可以采用侧面航拍的手法，侧面构图可以更加立体地展现建筑结构。构图方面，可以利用轻微俯拍的视角，将建筑周围的环境也拍进来，形成一个包围式结构，这样构图画面的层次会上一个台阶。

右图航拍于无锡市太湖鼋头渚风景区，赏樱楼被樱花包裹其中，春意盎然，十分漂亮。赏樱楼也是去太湖旅游必打卡的地方，在这里可以一览鼋头渚风景区樱花园美丽的景色。

鼋头渚风景区也是世界三大赏樱胜地之一，园内共栽种了三万多株樱花树，在樱花盛放之时，整个景区更是一片烂漫，微风拂面，飘荡出一阵阵樱花雨，置身其中令人陶醉。

图6.36　侧面航拍古建筑

6.3 无人机夜景实拍技巧

刚入夜或是临近天亮时，天光会形成漂亮的蓝调光，影调柔和并且色彩漂亮。想要在城市中拍摄蓝调时刻，仍有余晖的天空与地面灯光交相辉映是最具表现力、最漂亮的。要拍摄这种美景，就应该在日落之前到达拍摄场地，观察好地势，筹划构图思路。

6.3.1 航拍建筑夜景

航拍建筑夜景时，应当选择蓝调时刻进行拍摄，此时天空和地景还保留有细节，不至于死黑。特别是对于感光元件没那么大的无人机来说，在蓝调时刻拍摄尤为重要。在构图方面，可以利用之前章节讲解的主体构图法，将要拍摄的建筑物作为主体放置于画面的中心位置，并适当放大其比例，弱化周围环境的干扰，突出建筑本身的灯光、造型、线条等特点。

下图是在南京航拍的江苏大剧院夜景，剧院的设计很奇特，像一只张开翅膀的蝴蝶。利用主体构图俯拍可以更加突出江苏大剧院的造型与灯光效果，十分漂亮。江苏大剧院由华东建筑设计研究总院负责设计，设计宗旨来自"水"，与南京"山水城林"的地域特色相吻合，因毗邻长江，也表达出了"水韵江苏"和"汇流成川"的理念。

图6.37　俯拍建筑夜景

不同于主体构图俯拍，还有一种构图方式也是前面章节讲解过的——竖幅全景构图。在拍摄高度很高的建筑夜景时，由于无人机镜头无法实现超广角拍摄，通过裁剪的方式二次构图又会损失很多像素。因而采用竖幅全景构图的方式更加合适，这样做可以有效提升画质，并增强画面的视觉冲击力。

如右图所示，这是一张采用竖幅全景构图方式拍摄的南京青奥中心夜景照片，因为采用了全景接片的模式，整体构图不会显得很紧凑，同时建筑主体也被很好地展现了出来，是一张很不错的建筑夜景照片。

图6.38　竖幅全景拍摄建筑夜景

6.3.2 航拍城市夜景

航拍城市夜景作为无人机摄影中的难点，需要拍摄者对各项拍摄参数有深刻的理解。如果是航拍新手，可以用无人机自带的"纯净夜拍"模式拍摄，这样可以获得暗部和亮部细节丰富，同时噪点更少的照片。如果是手动拍摄夜景，笔者建议采用机位不动，多张拍摄，后期堆栈降噪的手法来提高夜景画质，这是一个很实用的夜景拍摄技巧。

如右图所示，这张照片航拍于天津日出之前的蓝调时刻，利用了横幅全景构图的手法拍摄。此时天空蒙蒙亮，地景有着丰富的细节表现。蓝调的天空与建筑物丰富的质感、街面的路灯交相辉映，画面的影调与色彩都非常迷人。

图6.39 航拍日出之前的蓝调城市风光

无人机的最大飞行高度只有500米，如果想要拍摄更为广阔的场景，500米的高度显然是不够的。这时就需要转换思路，拍摄者可以爬上一座200米的山顶放飞无人机，这样最大总飞行高度就有200+500=700米了，一般的小城镇可以被完全放入构图中，此时再用俯拍视角进行拍摄，就会有一种在飞机上俯瞰大地的感觉，十分震撼。

右图拍摄的是新疆特克斯八卦城的夜景，是无人机飞到非常高的高度拍摄的城镇全貌。城镇中汇聚着多条道路，在路灯的渲染下呈现温暖的黄色，与蓝调时刻的天空形成冷暖对比，画面和谐，震撼人心。

图6.40　高视角俯拍城镇全貌

6.3.3 航拍车流夜景

　　每当夜幕降临，城市灯光亮起，从高视角航拍晚高峰的车流也是一种不错的选择。在慢速快门中，飞驰的车辆会幻化为一条条炫丽的光轨，奏响一支城市乐章。航拍车流夜景应当使用低ISO、大光圈来保证画质，使用快门速度大于2秒且小于6秒的长曝光拍摄（大于6秒画面很可能糊掉）。之所以曝光时间不能过长是因为无人机云台不如相机的三脚架稳定，无法支持更长时间的不抖动。笔者建议拍摄车流时机位不动，开启延时摄影模式连续拍摄多张照片，然后在Photoshop等后期处理软件中进行最大值堆栈，这样可以模拟长曝光从而获得流畅的车轨。

　　下图是航拍的上海延安高架车流，纵横交错的立交桥与色彩斑斓的车轨为"魔都"注入了新鲜的生命力，展现了"魔都"雄厚的实力。

图6.41　航拍车流夜景

6.3.4　长焦航拍夜景

最新款的大疆 Mavic 3无人机采用了双镜头设计，全新的7倍光学变焦镜头最大支持28倍的放大倍率，等效焦距为162mm。利用"DJI Fly"App拍摄界面中的探索模式，可以轻而易举地拍到超远距离的画面，十分好用。下面介绍使用大疆 Mavic 3拍摄长焦夜景的操作步骤。

❶ 打开"DJI Fly"App的拍照界面，点击右侧的"探索模式"按钮 。

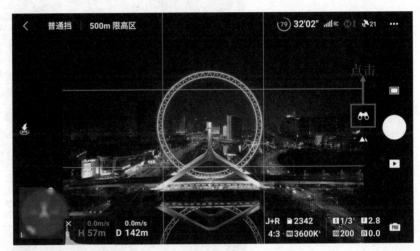

图6.42　点击"探索模式"按钮

❷ 打开探索模式后，屏幕中会弹出"探索模式已开启，支持28倍变焦"的提示。

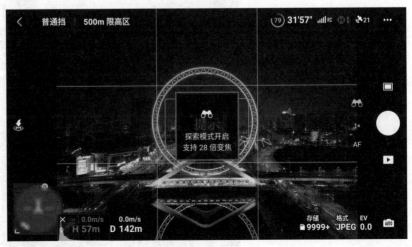

图6.43　"探索模式"提示

❸ 点击右侧的"2x"按钮，可以选择多种放大倍率，效果如右图所示。

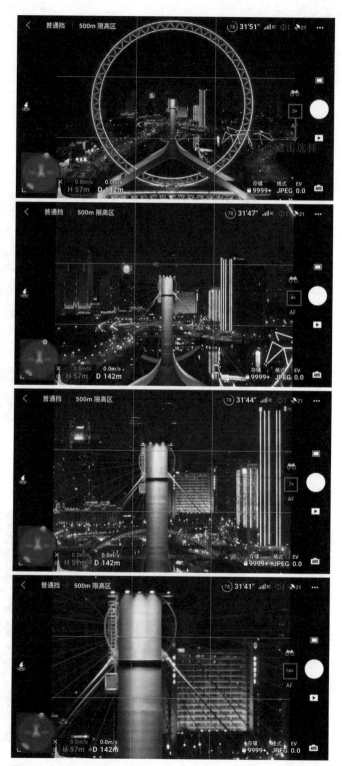

图6.44　多种放大倍率可供选择

❹ 点击右侧的"拍照"按钮 ⬜ 即可进行拍照。要注意在探索模式中只能拍摄JEPG格式的照片，不支持RAW格式。此模式用来勘察环境也是很好用的。

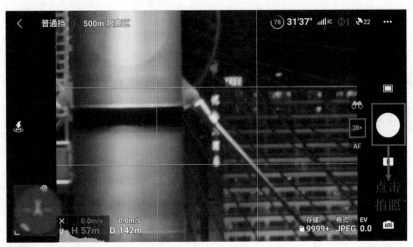

图6.45　点击拍摄

CHAPTER 7

第7章
无人机延时视频
实战

延时摄影，又叫缩时摄影、缩时录影，英文名是Time-lapse photography。延时摄影拍摄的是一组照片，后期通过将照片串联合成视频，把几分钟、几小时甚至是几天的过程压缩在一个较短的时间内以视频的方式播放，呈现出平时用肉眼无法察觉的奇异精彩的景象。

航拍延时视频的拍摄要点

航拍延时视频不同于地面延时，由于拍摄地在高空，加上气流与GPS的影响，无人机时刻都在调整位置，同时云台相机也有或多或少的偏移，最终导致成片出现抖动。为了简化后期去抖流程，笔者总结了几条拍摄经验供大家参考。

❶ 拍摄时要距离拍摄主体足够远，利用广角镜头的优势可以使抖动变得不那么明显。

❷ 尽量挑选无风或微风天气拍摄，在拍摄前可以查看天气预报，防止无人机飞入高空后剧烈抖动影响出片。

❸ 飞行速度要慢，一是为了使无人机飞行平稳，二是为了视频播放速度合适。可以使用三脚架模式拍摄，增强画面的稳定性。

❹ 航拍自由延时时，先让无人机在空中不动悬停5秒，等待无人机机身稳定后再进行拍摄。

❺ 航拍夜景延时时尽量选择蓝调时刻，同时快门速度控制在1秒左右最佳，这样可以最大限度保证不糊片。

 航拍延时视频的准备工作

航拍延时视频需要消耗大量的时间成本，比如充电时间、拍摄时间、后期时间等，有时候需要准备好久才有可能拍摄出一段视频。如果不想做无用功，就需要提前做好充足的准备，提高出片效率。下面介绍航拍延时视频需要做的提前准备工作。

❶ 保证SD卡有充足的存储空间。航拍延时视频期间需要拍摄大量的RAW格式照片，如果没有足够的存储空间，导致延时拍摄断掉会很吃亏。笔者建议在拍摄前准备好一张容量大且传输速度相对快的SD卡。

❷ 确定好拍摄对象。仔细观察需要拍摄的建筑物，寻找建筑物的特性，需要立体关系明确、透视效果强的，这样在之后的移动拍摄时视觉效果会更好。

❸ 使用减光镜拍摄。拍摄白天有云的题材时，可以考虑装上ND镜以增加曝光时间，这样视频会有动态模糊的效果，抓住观众的眼球。

❹ 保证对焦万无一失。笔者建议航拍夜景延时视频时使用手动对焦模式，开启峰值对焦功能，

保证焦点准确，之后锁定对焦功能，防止拍摄过程中焦点偏移。

❺ 设置好拍摄参数。笔者建议新手在拍摄夜景延时视频时，使用A挡（光圈优先）拍摄，曝光补偿适当提高一点，这样可以抑制画面中的暗部噪点。熟练的拍摄者可以使用M挡（手动模式）拍摄，这样可以在拍摄过程中手动调整参数以保证曝光正常。

7.3 自由延时模式

航拍延时视频共有四种模式，分别是自由延时、轨迹延时、环绕延时以及定向延时。选择相应的模式后，无人机会在设定的时间内拍摄设定数量的照片，并生成延时视频。在"自由延时"模式下，用户可以手动控制无人机的飞行方向、高度和云台相机的俯仰角度。下面介绍"自由延时"模式的操作方法。

❶ 在"DJI GO 4"App的飞行界面中，点击左侧的"智能飞行模式"按钮 ⬛，然后在弹出的界面中点击"延时摄影"按钮。

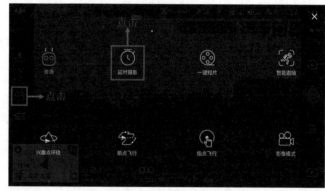

图7.1 点击"延时摄影"按钮

❷ 进入"延时摄影"模式，点击下方的"自由延时"按钮。

图7.2 点击"自由延时"按钮

❸ 此时屏幕中会弹出"自由延时"模式的相关介绍，点击"好的"按钮。

图7.3 自由延时模式的相关介绍

❹ 进入"自由延时"拍摄界面，下方显示拍摄时长为4分08秒，拍摄张数为125，拍摄间隔为2秒，点击右侧的"GO"按钮，即可开始拍摄。

图7.4 点击"GO"按钮

❺ 照片拍摄完成后，界面下方会提示用户正在合成视频。视频合成完毕后，即可完成一个完整的自由延时拍摄流程。

图7.5 正在合成视频

7.4 轨迹延时模式

在"轨迹延时"模式下，拍摄者可以在地图中选择多个目标路径点。拍摄者需要提前预飞一遍，在到达预定位置后记录下无人机的高度、朝向和云台相机角度。全部路径点设置好之后，可以选择正序或倒序进行轨迹延时拍摄。下面介绍"轨迹延时"模式的操作方法。

❶ 进入"延时摄影"模式后，点击下方的"轨迹延时"按钮。此时屏幕中会弹出"轨迹延时"模式的相关介绍，点击"好的"按钮。

图7.6 轨迹延时模式的相关介绍

❷ 进入"轨迹延时"拍摄界面，此时右下角地图会显示标记的航迹点，下方会显示各个路径点的镜头画面以及拍摄顺序。点击右侧的"GO"按钮，即可开始拍摄。

❸ 照片拍摄完成后，界面下方会提示用户正在合成视频。视频合成完毕后，即可完成一个完整的轨迹延时拍摄流程。"轨迹延时"模式可以保存路径，用户可以多次调整以获得最佳轨迹，等到最佳光线时再拍摄。

图7.7 点击"GO"按钮

7.5 环绕延时模式

在"环绕延时"模式下，无人机将依靠其强大的算法功能，根据拍摄者框选的拍摄目标自动计算出环绕中心点和环绕半径，然后根据拍摄者的选择做顺时针或逆时针的环绕延时拍摄。在选择拍摄主体时，应选择一个显眼且规则的目标，并且保证其周围环境空旷，没有遮挡，这样才能保证追踪成功。下面介绍"环绕延时"模式的操作方法。

❶ 进入"延时摄影"模式，点击下方的"环绕延时"按钮。此时屏幕中会弹出"环绕延时"模式的相关介绍，点击"好的"按钮。

图7.8 环绕延时模式的相关介绍

❷ 进入"环绕延时"拍摄界面，此时用手指拖拽框住环绕目标，在下方设置拍摄间隔、视频时长、飞行方向等信息。设置完成后点击右侧的"GO"按钮。

图7.9 设置拍摄参数

❸ 此时无人机将自动计算环绕半径，随后开始拍摄。在拍摄过程中进行打杆操作将退出延时拍摄，也可以点击左侧的"取消"按钮终止拍摄。

❹ 照片拍摄完成后，界面下方会提示用户正在合成视频。视频合成完毕后，即可完成一个完整的环绕延时拍摄流程。

图7.10 正在进行目标位置测算

CHAPTER

8

第8章
无人机后期修图
实战

在掌握了无人机前期控制与实拍的知识之后，接下来我们将介绍无人机航拍照片的后期处理技巧，包括借助手机App进行修片以及在电脑上借助Photoshop修片的技巧。

8.1 利用手机App快速修图

用无人机拍完照片后，用户可以通过数据线将照片导入到手机中，利用手机修图App可以方便快捷地处理照片。本节将以Snapseed为例，介绍手机修图的简要流程。用户处理完照片后，可以直接分享到社交媒体，非常高效。

8.1.1 裁剪照片尺寸

Snapseed是由Google开发的一款全面而专业的照片编辑工具，其内置了多种滤镜效果，并且有着十分完备的参数调节工具，可以帮助用户快速修片。下面介绍Snapseed裁剪、翻转照片的操作步骤。

❶ 在Snapseed中打开一张照片，点击下方的"工具"按钮。

❷ 执行上述操作后，点击"裁剪"按钮。

❸ 进入"裁剪"页面，用户可以选择各种比例进行裁剪，其中包括正方形、3∶2、4∶3、16∶9等。也可以选择"自由"模式。

图8.1 点击"工具"按钮

图8.2 点击"裁剪"按钮

图8.3 点击"自由"按钮

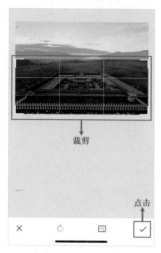

④ 点击"自由"按钮，拖拽预览区中的裁剪框，选定要保留的区域即可。

⑤ 确定裁剪区域后，点击右下角的"对勾"按钮 ✓ ，即可完成裁剪图片的操作，最终效果如下方右侧图片所示。

图8.4 拖拽裁剪框

图8.5 最终效果

8.1.2 调整色彩与影调

使用无人机拍摄照片时，尤其是拍摄RAW文件时，照片的色彩会有所损失，此时需要在Snapseed中进行色彩还原，完善色彩。下面介绍通过Snapseed App调整照片色彩与影调的方法。

① 在Snapseed中打开一张照片，点击下方的"工具"按钮。

② 执行上述操作后，点击"调整图片"按钮。

③ 进入"调整图片"页面，点击下方的"调整"按钮 芏 ，里面有多种参数可供调节。点击"亮度"按钮。

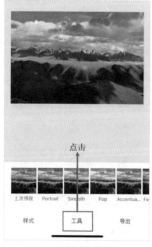

图8.6 点击"工具"按钮

图8.7 点击"调整图片"按钮

图8.8 点击"亮度"按钮

❹ 在屏幕上向右滑动可增加照片的亮度。本案例将亮度调整为+36。

❺ 点击下方的"调整"按钮 荓，再点击"对比度"按钮，在屏幕上向右滑动可增加照片的对比度、通透度。本案例将对比度调整为+24。

图8.9　增加亮度

图8.10　增加对比度

❻ 点击下方的"调整"按钮 荓，再点击"饱和度"按钮，在屏幕上向右滑动可增加照片的饱和度，使画面的色彩更鲜艳。本案例将饱和度调整为+36。

❼ 点击下方的"调整"按钮 荓，再点击"高光"按钮，在屏幕上向右滑动可增加照片的高光，使画面光感更强。本案例将高光调整为+32。

图8.11　增加饱和度

图8.12　增加高光

完成照片的调色后，最终效果如下图所示。

图8.13 调色完成的最终效果

8.1.3 突出细节与锐化

如果无人机拍摄的是RAW文件，那么照片的细节就有很多可以榨取的地方。应用锐化工具可以快速聚焦模糊边缘，提高图像中某一部位的清晰度或者焦距程度，使图像特定区域的色彩更加鲜明。下面介绍利用Snapseed对照片进行锐化突出细节的操作步骤。

❶ 在Snapseed中打开一张照片，点击下方的"工具"按钮。

❷ 执行上述操作后，点击"突出细节"按钮。

❸ 进入"突出细节"页面，点击下方的"调整"按钮 ∓，里面有两种参数可供调节，分别是结构与锐化。点击"结构"按钮。

图8.14 点击"工具"按钮

图8.15 点击"突出细节"按钮

图8.16 点击"结构"按钮

❹ 在屏幕上向右滑动可增强结构纹理，使屋顶上的纹理更清晰。本案例将结构调整为+28。

❺ 点击下方的"调整"按钮 圭，再点击"锐化"按钮，在屏幕上向右滑动可增加照片锐度，使整张照片的细节更加突出。本案例将锐化调整为+15。

图8.17 调整结构

图8.18 调整锐化

完成照片的锐化后，最终效果如下图所示。

图8.19 锐化完成的最终效果

8.1.4 使用滤镜一键调色

利用Snapseed 不仅可以对照片的色彩、细节、构图等进行调整，还可以通过其自带的滤镜库一键修图，可以快速将平平无奇的照片变成艺术大片。下面介绍通过Snapseed滤镜功能一键调色的步骤。

❶ 在Snapseed 中打开一张照片，点击下方的"样式"按钮。

❷ 进入"样式"页面，里面有各种各样的滤镜效果可供选择。

❸ 选择一种滤镜效果，软件会自动计算，套用滤镜预设。

图8.20 点击"样式"按钮

图8.21 有多种滤镜可供选择

图8.22 选择一种滤镜效果

完成照片的一键调色后，最终效果如下图所示。

图8.23 一键调色完成后的最终效果

8.1.5　去除画面中的杂物

Snapseed 中的"修复"工具可以帮助用户轻松快速消除画面中的杂物，比如行人、脏点等。操作方法也非常简单，下面介绍利用Snapseed 的"修复"功能去除画面中杂物的操作方法。

❶ 在Snapseed 中打开一张照片，点击下方的"工具"按钮。

❷ 执行上述操作后，点击"修复"按钮。

❸ 进入"修复"页面，两指向外移动以放大图片，用手指涂抹需要去除的杂物，如图8.26所示，是一辆白色的越野车。

❹ 完成照片的杂物去除后，最终效果如下页图所示。

图8.24 点击"工具"按钮

图8.25 点击"修复"按钮

图8.26 抹除目标杂物

图8.27 修复杂物完成的最终效果

8.1.6 给照片增加文字效果

在Snapseed 中，用户可以根据需要在照片中添加文字，增添海报效果。在照片中添加文字，可以让观者一眼看出拍摄者想要表达什么，还可以让照片变精致。下面介绍为照片添加文字的具体操作步骤。

❶ 在Snapseed 中打开一张照片，点击下方的"工具"按钮。

❷ 执行上述操作后，点击"文字"按钮。

❸ 进入"文字"页面，点击下方的"样式"按钮 🖌，里面有多种字体样式可供选择。选择一种字体之后，在预览窗口中双击文字。

图8.28 点击"工具"按钮

图8.29 点击"文字"按钮

图8.30 点击"样式"按钮

❹ 在文本框中输入文本，可以是主题也可以是情绪等，本案例输入的文本为"泸定桥"字样。

❺ 点击下方的"不透明度"按钮 ⬡，滑动滑块可以调节字体的不透明度。

图8.31 输入文本

图8.32 点击"不透明度"按钮

❻ 点击下方的"颜色"按钮，选择一种自己喜欢的颜色。

❼ 手指拖动字体可以移动文本的位置，也可改变其大小。

❽ 照片的字体添加完成后，最终效果如下图所示。

图8.33 点击"颜色"按钮

图8.34 移动文字位置

图8.35 添加文字后的最终效果

8.2 利用Photoshop精修照片

要想让航拍摄影作品更加吸引人，就需要在电脑上用Photoshop软件进行精细修图。利用Photoshop可以对航拍照片进行全方位处理，弥补前期拍摄的缺陷，使之更加完美。本节将用一张逆光航拍的实例照片讲解一下Photoshop精修照片的步骤。

逆光时的色彩是非常具有戏剧性的，空间感也很强。所以如何在逆光的时候把颜色掌控好，营造出日落的氛围是非常重要的。右图是用大疆 Mavic 2 Pro逆光拍摄的一张日落下的发电站照片。如图所示，原图看起来有些灰暗，画面也缺乏一些质感和氛围感。经过后期调整，可以让日落时热烈的氛围得到很好的强化如下图所示。

图8.36 原图

图8.37 后期调整后的效果图

接下来讲解一下这张照片的一些后期创作思路及修片的步骤。

8.2.1 画面分析

首先，在Photoshop中打开这张照片，照片会默认在ACR中打开，如下图所示。

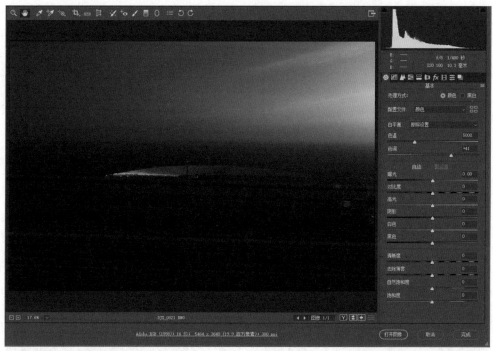

图8.38 在ACR中打开照片

在修片之前，我们先来看一下这张照片的拍摄参数。如下图所示，ISO 100、焦段是10.3mm、光圈是f/ 8.0、曝光时间是1/400秒。在这样的参数下，可以保证最佳的画质以及清晰度。从直方图上来看，我们也可以看到整个直方图更靠近左侧，这就意味着照片偏暗，整体欠曝。为什么会欠曝呢？因为在逆光下拍摄，画面中的亮部很容易过曝，这样画面的细节就不会很多，所以在逆光下拍摄的时候要尽可能欠曝一些，只有欠曝才能更好的保留照片的色彩。

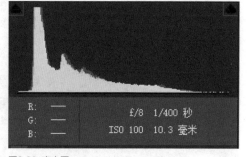

图8.39 直方图

这张照片的后期思路是：首先调整画面整体的氛围和细节，然后对画面进行调色的处理，最后对画面进行细节的刻画。我们按照这个后期思路依次往下进行，先对这张照片进行一个基本的调整。

8.2.2 裁剪画面并二次构图

二次构图是指对照片进行裁剪，或是对照片中的元素进行一些特定的处理，改变画面的构图方式，提升画面表现力。

有时我们拍摄的照片四周可能会显得比较空旷，除主体之外的区域过大，这样会导致画面显得不够紧凑，有些松散。借助裁剪来裁掉四周的不紧凑区域，可以让画面显得更紧凑，主体更突出。

如下图所示，可以看到要表现的主体是发电站，四周过于空旷的地面与天空分散了观者的注意力，让主体显得不够突出。在工具栏中选择"裁剪工具"，设定原始比例，确定裁剪之后，如果感觉裁剪的位置不够合理，还可以把鼠标移动到裁剪边线上，点住边线并进行拖动，来改变裁剪区域的大小。

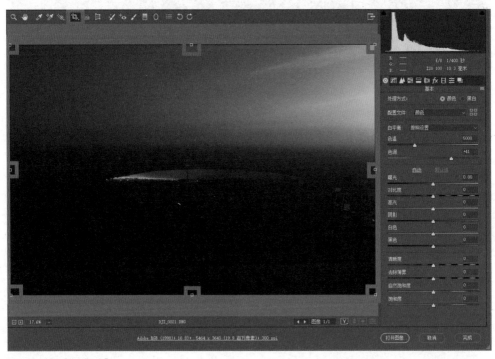

图8.40 选择"裁剪工具"

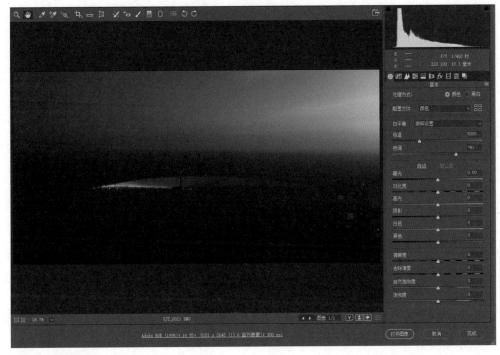

图8.41 裁剪后的效果

8.2.3 校正透视、变形与畸变

如果使用广角镜头拍摄，可以发现照片四周会存在一些比较明显的畸变，这取决于镜头的光学素质，这样的畸变会让画面的水平线扭曲。要修复这种畸变，可以勾选"启用配置文件校正"这个复选框，几何畸变就会被消除。

当然，使用配置文件校正能否让画面得到校正还有一个决定性因素，即镜头配置文件是否被正确载入。在大多数情况下，如果我们使用的是与相机同一品牌的镜头，也就是原厂镜头，那么下方的机型及配置文件都会被正确载入。如果我们使用的镜头与相机非同一品牌，也就是副厂镜头，可能就需要手动选择镜头的型号，如右图所示。

消除畸变后的效果如下页上图所示，可以看到地平线变得非常水平。

图8.42 镜头配置文件

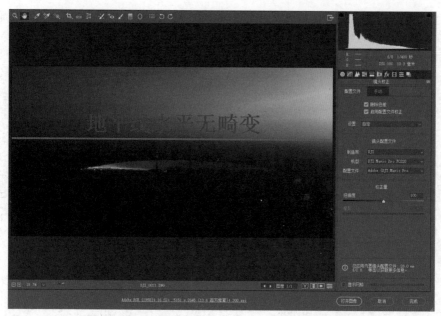

图8.43 消除几何畸变

8.2.4　画面整体氛围和细节优化

打开基本面板，增加白色的值，降低黑色的值，增加画面的对比度，具体参数如下图所示。

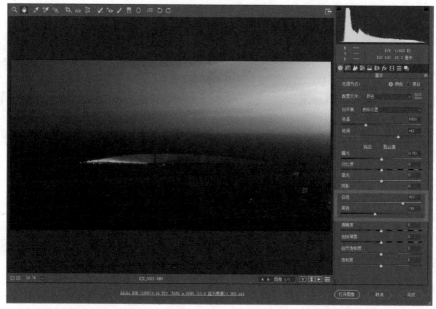

图8.44 增加画面的对比度

　　此时云层是非常有层次感的，当然在笔者这样操作的时候，很多地方会有过曝的倾向，所以要降低高光的值，同时提升阴影的值，找回一些暗部的细节，具体参数如下图所示。这样一来，整个画面的对比度和通透度都已经很好了，暗部和亮部的细节也都得到了还原。

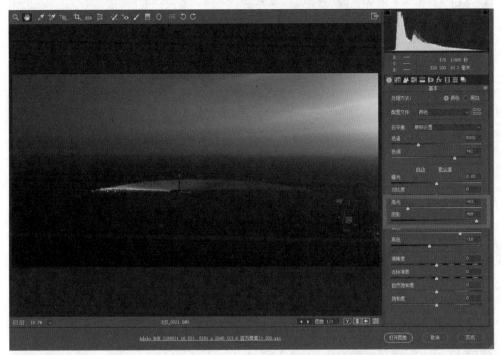

图8.45 还原暗部和亮部的细节

　　在逆光的情况下，把霞光制作得太艳或太暗都是不好的，霞光太艳会显得有点假，霞光太暗容易不通透，所以我们要把它调整到一个恰到好处的亮度。这个时候可以适当增加一点曝光的值，具体参数如下页上图所示。提高曝光值之后，整个画面会被整体提亮，这种提亮会让画面看起来不像刚才那样对比度那么强烈。

　　事实上，反光板应该有很多的纹理，因此我们可以增加清晰度的值，具体参数如下页下图所示。这样一来，会发现发电站的质感和细节更好了。

图8.46 整体提亮

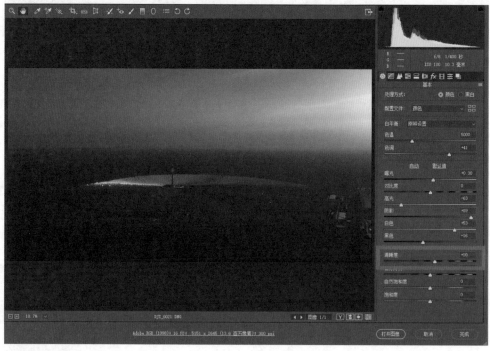

图8.47 增加清晰度

接下来我们可以将自然饱和度的滑块向右移动，增加自然饱和度的值，让整个画面更艳丽一些，具体参数如下图所示。

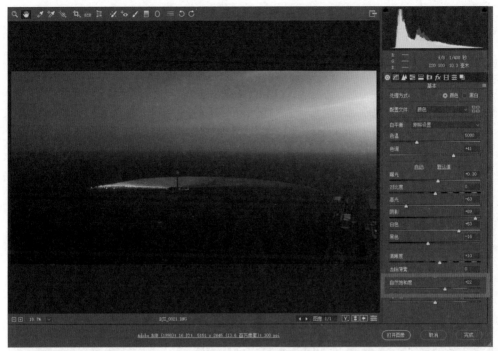

图8.48 增加自然饱和度

到这一步，这张照片的基本调整就完成了，但是以上的调整只是修片过程中的第一步，接下来我们要对它进行第二步处理，也就是色彩的修饰。

8.2.5　调色分析与过程

这张照片的主题是逆光的氛围，我们来分析一下，逆光时的阳光是暖调的，那么我们在画面的处理上一定是暖调居多，冷调主要是起到烘托的作用，因此稍微有一点即可。这时我们可以对混色器中的几种暖色调的颜色进行调整。

● 混色器调色

打开混色器面板，先对橙色进行更改，选择橙色，把色相的滑块向左移动，给霞光的颜色加点橙色，同时适当增加一点饱和度的值，让霞光的颜色更鲜艳一些。

选择黄色，将黄色的色相滑块向右移动，让黄色更明显一些，这样黄色区域会有被提亮的感觉，也能增加画面中的色彩层次感。

完成亮部的调色之后，继续往下调整暗部的色调。我们可以看到，暗部主要集中在地景区域，这些区域中含杂了少量的洋红和紫色，因此我们要将这些杂色去除掉。先选择洋红，将色相的滑块向左移动，最大程度减少暗部的洋红，将饱和度滑块向左移动，降低洋红的饱和度，将明亮度滑块向右移动，不让洋红那么明显。

然后我们再选择紫色，依旧是将色相和饱和度降低，将明亮度提升。这样一来，暗部区域中的紫色也被去除了，这才是地景该有的颜色。

我们再来仔细来分析一下，现在的暗部中其实是有蓝色的，所以我会在蓝色当中加一点点绿色。选择蓝色，将蓝色的色相滑块向左移动，让蓝色往绿色的方向靠拢一些，然后再增加饱和度和明亮度的值，让蓝色中的绿色更明显一些，具体参数如下图所示。经过以上调整之后，整个画面已经初步达到了我们想要的有冷暖对比的逆光的效果，最终效果如图8.50所示。

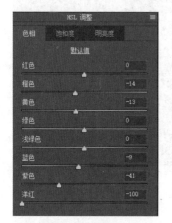

图8.49 混色器调色参数

图8.50 混色器调色后的效果

● **颜色分级调色**

　　下面我们继续进行调整，在色彩分级面板中分别对阴影和高光的颜色进行一些更改，在阴影中增加一点冷色（蓝色），然后在高光中增加一点暖色（橙色），增强这种冷暖对比的反差效果。

　　打开色彩分级面板，选择阴影，将色相的值调整到211，同时增加饱和度的值，具体参数如下图所示。这样一来，暗部的发电站圆盘就会有偏冷的倾向，地景和晚霞就会有更加强烈的冷暖对比。正是因为有这样强烈的反差，冷色的地景才能够烘托出暖色的霞光，所以这一步非常关键。

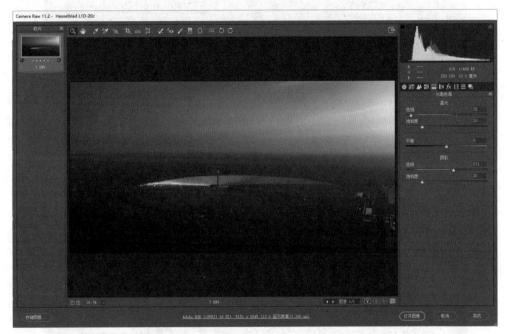

图8.51 混色器调整参数

　　然后我们可以在高光中增加一点橙色。选择高光，将色相的值调整到22，同时增加饱和度的值。这样一来，亮部的霞光就会有偏暖的倾向，画面的氛围感也会强烈一些。

　　来看一下修片前后的对比效果。如下页上图所示，可以看到，原片中的晚霞虽然有层次，但是不是很强烈，而经过调整后的照片晚霞的层次非常突出，并且画面的色彩也通透很多，呈现出一种冷暖对比的感觉，这就是笔者想要的效果。

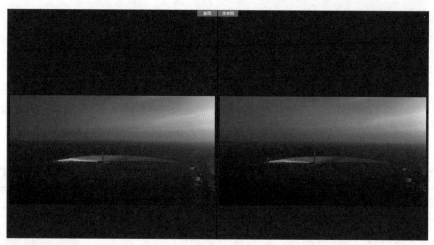

图8.52 混色器调整前后对比

8.2.6 局部调整

目前画面的氛围已经调整差不多了，但还可以继续对它进行一些渲染，在画面的中间区域加一个渐变，将云层的暗部区域再压暗一些。

在界面上面的工具栏中选择渐变滤镜，在发电站顶部的区域拉出一条渐变，在参数面板中稍微降低曝光的值，加白色、减黑色，具体参数如下图所示。完成调整之后，整个画面的重心会转移到地平线和霞光的交界处，这种氛围的渲染会更加强烈一些。

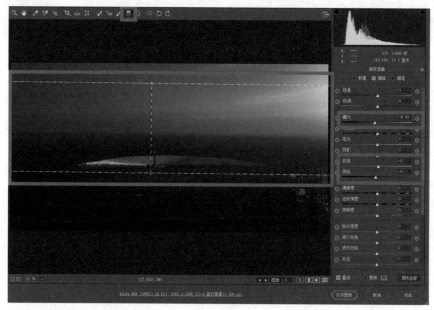

图8.53 渐变滤镜局部调整

接下来我们再用画笔工具对发电站进行提亮的处理。在界面上面的工具栏中选择画笔工具，涂抹发电站的亮部区域，然后在参数面板中增加白色的值，稍微降低高光的值，具体参数如下图所示。将雪山的亮部提亮以后，发电站的亮部和暗部的对比就更加明显，这样做的目的是让发电站有一定的层次感。

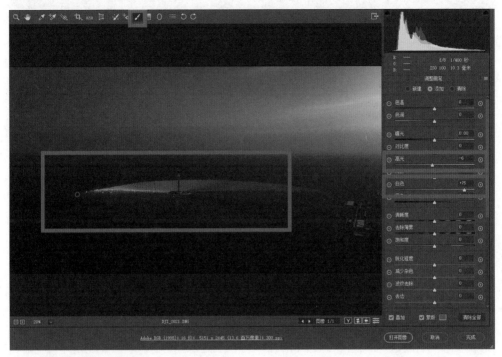

图8.54　用画笔工具进行局部调整

8.2.7　输出前的优化

接下来再对画面进行锐化处理，这也是一个非常必要的步骤。在界面右侧的工具栏中选择锐化工具，打开细节面板，增加锐化的值，具体参数如下页图所示。此时画面会变得非常锐，而且日落的氛围感也会更加强烈一些。

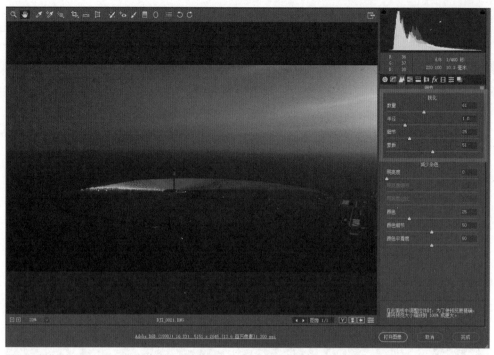

图8.55 锐化操作

　　如下页上图所示，最后还可以增加一个对比度曲线。打开曲线面板，单击“点”按钮以编辑点曲线，制作一个S形曲线。注意要在暗部稍微加一点灰度，但是不能加太多，如果加太多画面看起来会特别的平淡。

　　最终调整完毕后的成片如下页下图所示，经过后期处理的照片画面氛围感很强，对比度和通透感也很强。

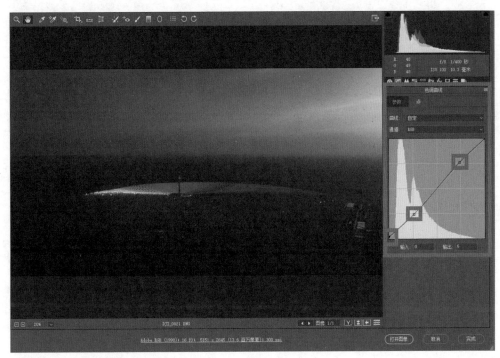

图8.56　增加一个S形的对比度曲线

图8.57　最终成片

第 9 章
无人机视频剪辑
实战

本章将介绍无人机航拍视频的剪辑技巧。用户可以选择在手机上借助App进行视频剪辑和特效制作，也可以选择在电脑上借助Premiere等专业软件进行快速的剪辑处理。

9.1 利用手机App快速剪辑

通过无人机录制的视频文件会保存在手机里，用户可以通过视频剪辑App对视频进行快速剪辑。剪映是一款手机视频编辑软件，带有全面的剪辑功能，支持变速，有多种滤镜和美颜的效果，有丰富的曲库资源。本节主要介绍使用剪映剪辑无人机航拍视频的流程。

9.1.1　去除视频背景原声

我们在航拍视频时，视频中会有许多杂音，这些声音会对剪辑过程造成干扰，所以我们需要去除视频中的背景原声，以方便后面再添加背景音乐。下面介绍去除视频背景杂音的步骤。

❶ 打开剪映，进入主页面，点击界面中心的"开始创作"按钮。

❷ 进入素材选择页面，选择需要导入的两段视频文件，点击右下角的"添加"按钮。

❸ 进入视频编辑界面，点击第一段视频素材，然后点击左侧的"关闭原声"按钮即可去除视频中的背景原声。

图9.1 点击"开始创作"按钮

图9.2 选择素材

图9.3 点击"关闭原声"按钮

9.1.2 截取视频片段

在一段长视频中，用户可能只需要其中的几秒，这时就需要对视频进行截取，然后将多段视频进行拼接，形成一个完整的视频。下面介绍截取视频片段的方法。

❶ 选择第一段视频素材，点击下方的"剪辑"按钮。

❷ 进入视频截取页面，下方显示视频长度为19.1秒。将结尾处的标记向前拖动，截取前面的6秒视频。

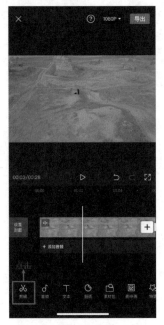

图9.4 点击"剪辑"按钮

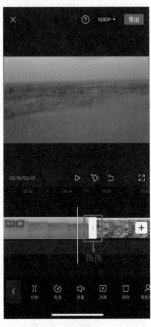

图9.5 向前拖动标记

9.1.3 添加滤镜效果

剪映为用户提供了多种风格的视频滤镜效果，通过视频滤镜可以快速调出个性十足的视频。下面介绍为视频添加滤镜的方法。

❶ 选择第一段视频，点击下方的"滤镜"按钮。

❷ 进入"滤镜"界面，这里有多种多样的滤镜效果可供选择，挑选其中的一种，并点击左侧的"应用到全部"按钮。点击右角的"对勾"按钮，即可完成滤镜调色工作。

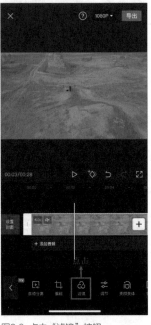

图9.6 点击"滤镜"按钮

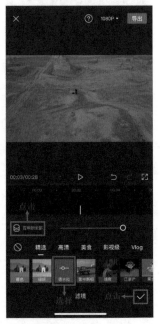

图9.7 选择滤镜

9.1.4 调节色彩与影调

除了套用滤镜可以快速调色，通过调整视频中的各项参数也可以达到相同的效果。无人机录制的视频色彩大多过于暗淡，此时用户只要通过后期处理App调整视频的色彩与影调，就可以让视频更加符合用户的要求。下面介绍调节视频色彩与影调的方法。

❶ 选择第一段视频，点击下方的"调节"按钮，即可进入视频参数调节页面。

❷ 进入到视频参数调节界面后，有多种参数可以调节。

❸ 点击"亮度"按钮，滑动滑块以调节亮度。以此类推，根据自身需求可以继续调节其他参数。调整完毕后，点击右下角的"对勾"按钮☑，即可完成视频色彩与影调的调节。

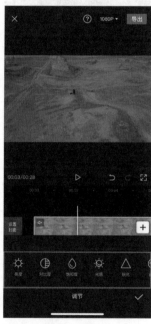

图9.8 点击"调节"按钮   图9.9 多种参数可以调节   图9.10 调节视频参数

9.1.5 增加文字效果

文字在视频中可以起到画龙点睛的作用，可以很好地传达拍摄者的思想，同时可以为视频增加装饰效果，一举两得。下面介绍在视频中添加文字的步骤。

❶ 点击视频预览窗口，之后点击下方的"文本"按钮，即可进入文本编辑界面。

❷ 进入视频文本界面后，点击下方的"新建文本"按钮。

❸ 在框中输入文本，完成后点击"对勾"按钮。

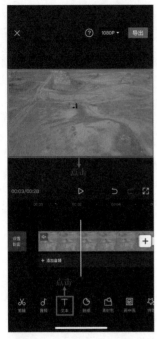

图9.11 点击"文本"按钮

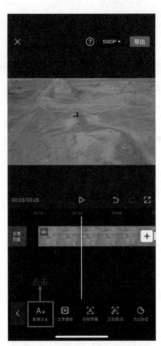

图9.12 点击"新建文本"按钮

图9.13 输入文本

❹ 用手指拖动文本框可以移动其位置，按住文本框右下角可以进行缩放。

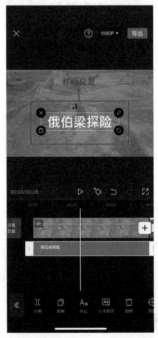

图9.14 移动位置

9.1.6　增加转场特效

转场指的是在两段视频素材之间的过渡效果，是一种特殊的滤镜。一段视频如果搭配了合适的转场特效，那么视频看起来是非常舒服的，同时能牢牢抓住观众的心。下面介绍在两段视频素材之间添加转场效果的步骤。

❶ 点击两段视频之间的"分割"按钮［，即可进入"转场"界面。

❷ 有多种转场特效可以选择。

❸ 挑选一种合适的转场特效滤镜，滑动滑块可以调整转场持续时长。选择完毕后，点击右下角的"对勾"按钮✓。

图9.15 点击"分割"按钮　　　　　图9.16 多种转场特效　　　　　图9.17 选择一种转场特效

9.1.7　添加背景音乐

音频是视频的灵魂伴侣，画面与音乐相辅相成，彼此衬托。在后期制作中，音频的处理显得尤为重要，如果音乐运用得好，会给观众带来耳目一新的感觉。下面介绍为视频添加背景音乐的步骤。

❶ 选取一段视频素材，点击下方的"音乐"按钮，即可进入到视频选择界面。

❷ 选择一首与视频内容相符的音乐，拖动进度条可以试听音乐，点击右侧的"使用"按钮即可选择。

❸ 完成音乐的选取后，进入到视频编辑界面，拖动下方音频条左侧的标记，可以对音乐进行裁剪，使其符合视频的内容。

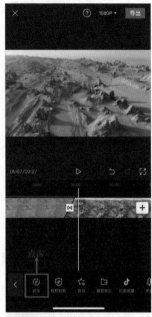

图9.18 点击"音乐"按钮

图9.19 选择音乐

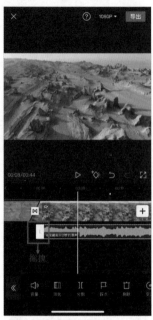

图9.20 裁剪音频

9.1.8 一键输出视频文件

在经过一系列的编辑处理后，接下来就应该输出成片了。输出的视频会保存到手机中，同时可以分享到各个社交平台。下面介绍一键输出成片的操作步骤。

❶ 在视频编辑界面中，点击右上角的"导出"按钮，即可一键输出视频。

❷ 在预览窗口会显示当前的进度信息，等待一段时间即可完成。输出完成的视频还可以一键分享到社交平台，非常方便，这便是一套完整的视频处理流程。

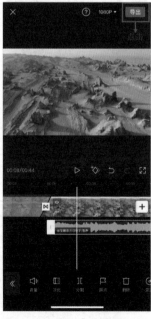

图9.21 点击"导出"按钮

图9.22 导出进度

9.2　利用Premiere剪辑视频

Premiere Pro是视频编辑爱好者和专业人士必不可少的视频编辑工具。Premiere提供了采集、剪辑、调色、美化音频、字幕添加、输出、DVD刻录的一整套流程，可以帮助用户产出电影级别的视频画面。本节将介绍一套完整的剪辑流程，帮助用户熟练掌握视频剪辑的核心技巧。

9.2.1　新建序列导入素材

在处理视频之前，首先要将视频素材导入Premiere Pro软件中。下面介绍将视频素材导入至轨道中的步骤。

❶ 新建一个项目文件，在"项目"面板单击右键，在弹出的菜单中点击"导入"按钮。

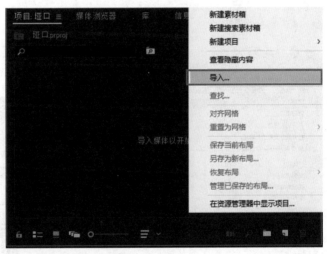

图9.23　点击"导入"按钮

❷ 之后弹出"导入"对话框，选择需要导入的视频文件，单击"打开"按钮。

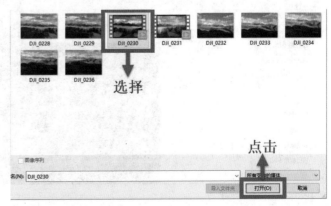

图9.24　导入视频文件

❸ 将视频文件导入"项目"面板中，显示视频缩略图。

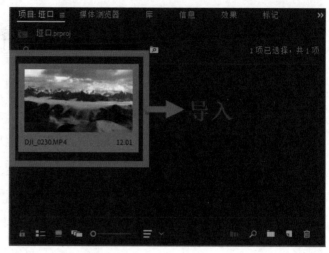

图9.25 显示视频缩略图

❹ 在菜单栏中依次点击"文件"—"新建"—"序列"按钮，如下图所示。

图9.26 点击"序列"按钮

❺ 弹出"新建序列"对话框,一般情况下默认设置就可以。单击"确认"按钮。

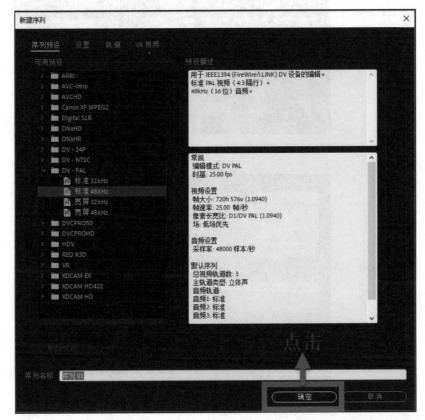

图9.27 点击"确认"按钮

❻ 执行操作后,即可新建一个空白的序列文件,显示在"项目"面板上。

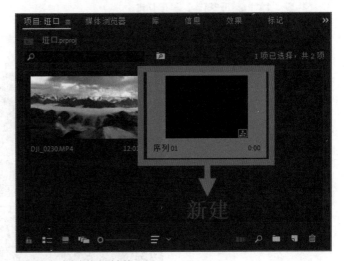

图9.28 新建空白的序列文件

❼ 在"项目"面板中选择"DJI_0231"视频文件,将其拖拽至视频轨V1中,即可添加视频文件。

图9.29 将视频拖拽至V1轨中

❽ 在"源"面板中可以预览视频素材的画面。

图9.30 预览视频画面

9.2.2 去除视频背景原声

只有去除了视频背景原声后,才能更好的为视频重新配乐。下面介绍去除视频背景原声的步骤。

❶ 在轨道中,选择需要去除背景原声的视频文件,在视频文件上单击右键,在弹出的菜单中选择"取消链接"按钮。

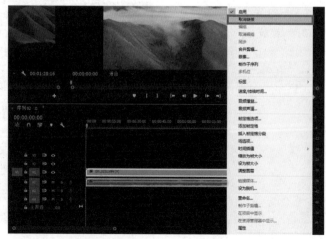

图9.31 点击"取消链接"按钮

❷ 执行操作后，即可单独处理视频与背景声音。单独选择"背景声音"。

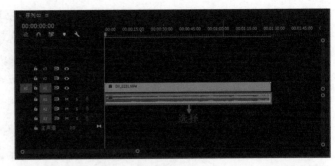

图9.32 单独选择背景声音

❸ 按"Delete"键，即可删除背景声音，只留下视频画面。

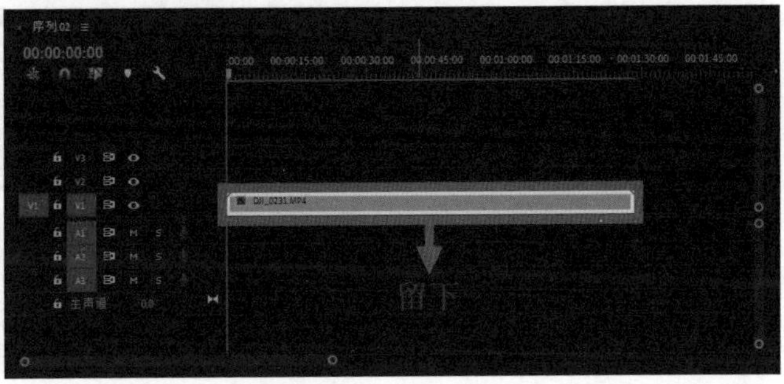

图9.33 删除背景声音文件

9.2.3 将视频剪辑成多段

在Premiere Pro软件中，"剃刀"工具 可以很方便快捷的裁剪视频，然后将不需要的片段删除。下面讲解将视频切割为几个片段的步骤。

❶ 在"工具"面板中选择"剃刀"工具 。

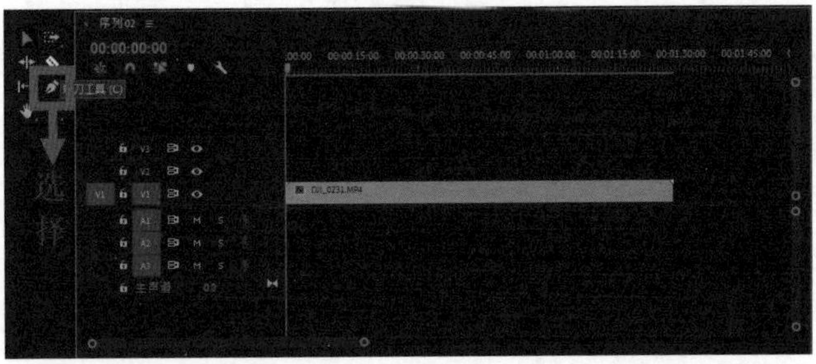

图9.34 选择"剃刀"工具

❷ 将鼠标移至视频素材需要裁剪的位置，此时鼠标指针会变成剃刀形状，单击即可将视频素材剪辑成两段，并单独选择。用同样的方法对视频素材进行多次切割。

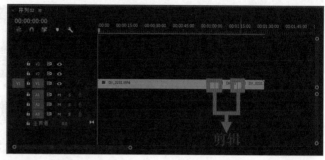

图9.35 将视频剪辑成多段

❸ 选择需要删除的某个视频片段，点击"Delete"键即可删除。

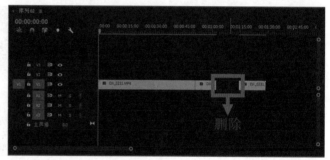

图9.36 删除背景声音文件

❹ 用鼠标将右侧的视频片段向左拽，直至与前一段视频贴紧，使整条视频播放连贯。

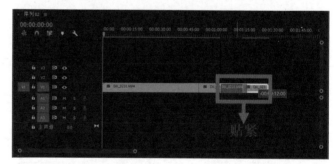

图9.37 将视频片段向左移动

9.2.4 调节色彩与色调

在Premiere Pro软件中编辑视频时，往往会对视频素材的色彩进行校正，恢复其本身的颜色。调整素材颜色时，可以使用"颜色平衡"特效功能，该功能是通过调整画面的饱和度和色彩变化来实现对颜色的调整。下面介绍利用"颜色平衡"特效功能调节色彩与色调的操作步骤。

❶ 在V1视频轨道中，选择需要调色的视频素材。

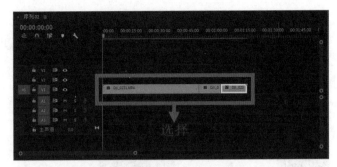

图9.38 选择视频素材

❷ 打开"效果"面板，展开"颜色校正"选项，选择"颜色平衡"效果。

图9.39 选择"颜色平衡"效果

❸ 单击鼠标左键并拖拽"颜色平衡"效果至轨道中的视频素材上。在"效果控件"面板中展开"颜色平衡"面板，在其中设置各颜色参数，用来调节画面的色彩与色调。

❹ 执行上述操作后，即可运用"色彩平衡"效果调整色彩。

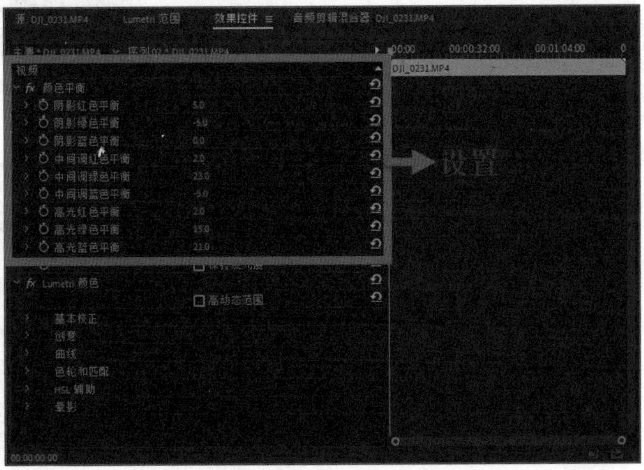

图9.40 设置"颜色平衡"参数

9.2.5 增添背景音乐

在Premiere Pro软件中，音频与视频具有相同的地位，音频的好坏将直接影响视频作品的质量。下面介绍为视频添加背景音乐的操作步骤。

❶ 在"项目"面板中单击右键，在弹出的菜单中点击"导入"按钮。

❷ 此时弹出"导入"对话框，选择一个音频文件，单击"打开"按钮。

图9.41 点击"导入"按钮

图9.42 点击"打开"按钮

❸ 将音频素材导入"项目"面板中。

图9.43 导入音频素材

❹ 将导入的音频素材拖拽至"序列"面板的A1轨道中。

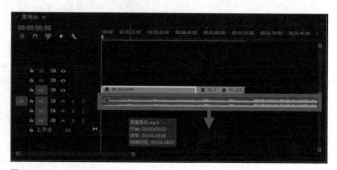

图9.44 添加音频素材至轨道

❺ 使用"剃刀"工具将音频素材剪辑成两段，以符合视频时长。

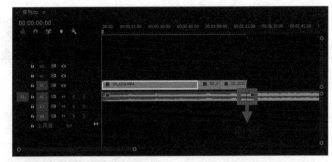

图9.45 剪辑音频素材

❻ 选择后面的音频素材，按下"Delete"键进行删除，即可完成音频的增添与剪辑工作。

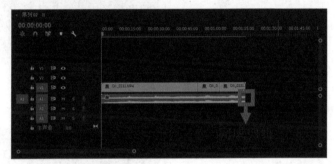

图9.46 完成音频的添加与剪辑

9.2.6 输出与渲染视频成片

在Premiere Pro软件中，当用户完成一段视频的编辑并对视频内容感到满意时，可以将成片以各种不同的格式进行输出。在导出视频时，用户需要对视频的格式、输出名称、位置等选项进行设置。下面介绍输出与渲染视频的操作方法。

❶ 在菜单栏依次点击"文件"-"导出"-"媒体"按钮。

图9.47 点击"媒体"按钮

❷ 点击后便会弹出"导出设置"对话框，在右侧将格式设置为H.264，这是一种MP4格式。勾选"导出视频""导出音频"复选框，并单击下方的"导出"按钮。

图9.48 设置导出选项

❸ 弹出信息提示框，显示视频导出进度，此时只要稍微等待即可完成。

图9.49 视频导出进度